"你的全世界来了"科普阅读书系

海 秋◎编 著

丛书主编：安若水

副 主 编：张晓冬 毕研波

编　　者：王水香 海 秋 毕经纬 马 然 张润通

插　　图：支晓光

山西出版传媒集团　山西教育出版社

图书在版编目（ＣＩＰ）数据

植物来了 / 海秋编著. — 太原 ：山西教育出版社，
2020. 5（2021. 1 重印）

（"你的全世界来了"科普阅读书系 / 安若水主编）
ISBN　978 - 7 - 5703 - 0964 - 1

Ⅰ.①植… Ⅱ.①海… Ⅲ.①植物 - 青少年读物
Ⅳ.①Q94 - 49

中国版本图书馆 CIP 数据核字（2020）第 051765 号

植物来了
ZHIWU LAILE

策　　划	彭琼梅	
责任编辑	李　磊	
复　　审	姚吉祥	
终　　审	彭琼梅	
装帧设计	崔文娟	
印装监制	蔡　洁	

出版发行　山西出版传媒集团·山西教育出版社
　　　　　（太原市水西门街馒头巷 7 号　电话：0351 - 4729801　邮编：030002）

印　　装	山西三联印刷厂	
开　　本	890 × 1240　1/32	
印　　张	5	
字　　数	104 千字	
版　　次	2020 年 5 月第 1 版　2021 年 1 月山西第 2 次印刷	
印　　数	5 001—8 000 册	
书　　号	ISBN　978 - 7 - 5703 - 0964 - 1	
定　　价	23. 00 元	

如发现印装质量问题，影响阅读，请与出版社联系调换。电话：0351 - 4729718

目 录

① 地球上最早的植物

让我们先拨动一下桌上的地球仪，看看地球吧！

地球仪在旋转，整个世界展现在我们眼前——蓝色的海洋，连绵的山峦，黄色的沙漠，星罗棋布的城市、村庄。

单就色彩来说，地球表面除了海洋的蓝色和沙漠的黄色，其余的地方都该是披着绿装的。这美丽的绿装是由郁郁葱葱的树木，众多摇曳多姿、姹紫嫣红的植物，阡陌纵横的庄稼以及"野火烧不尽，春风吹又生"的小草织成的。绿色，也是我们美丽中国的基本色调。

我们读过《地球来了》，知道地球是由宇宙尘埃组成的无生命体，所以，最初的地球时间被称作冥古代和太古代，也可以称为"无生代"。那么，问题来了，我们看到的繁茂的植物是怎么来的，最早出现的植物又是什么样的呢？

让我们一起穿越到34亿年前去看一看，那是地球诞生后的第12亿年。在最初生命形成的时候，地球的表面并不平静，风暴肆虐，火山爆发，大雨哗哗地下个不停，天空中的水蒸气冷

却降落到地面，占了地球表面积的大部分，形成了海洋。在早期的海洋里，新的复合体出现了，这就是生命。尽管它们微小到肉眼看不见，科学家还是找到了它们，把这些单细胞的生物命名为"原核生物"。它们是生命的源起。

一切生物都离不开水，所以，生物最早的诞生地多是在温暖的海岸线、湖泊和沼泽中，后来才慢慢进入陆地，疯狂生长。

我们知道生物离不开水，离开了水生物就无法正常呼吸。有的同学可能不同意，会说："没有啊，人也是生物，我在楼里、在飞机上、在教室里，不都能正常呼吸吗？"

那么，你吸入的空气去哪里了？空气必须首先在肺部的水分中溶解，这样氧气才会被身体吸收！一切动植物都是这样的，都需要水。而对于大部分植物来说，阳光又是不可缺少的，所以它们生出了纤维和支柱，这是木质纤维的开始。

现在，可以回答这个问题了——最早的植物究竟是什么？最初，科学家发现了蓝藻孢子"活化石"。蓝藻是地球上最早的藻类生命，它的身体里含有一种叫"叶绿素"的物质，吸收光能后能释放出氧，供其他生物使用，这个过程叫作"光合作用"。

我们今天所见到的多姿多彩的植物，都是按照从低级到高级、从简单到复杂、从水生到陆生的过程发展而来的，整个过程要经历几亿年甚至十几亿年的进化。而蓝藻，正是这些绿色植物的老祖宗！就算是34亿年后的今天，蓝藻也依然存在。

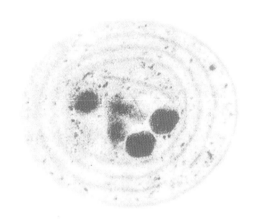

蓝藻

　　夏季，在一些营养丰富的水里，蓝藻会疯狂繁殖，并且在水面形成一层蓝绿色的浮沫，人们称这种现象为"绿潮"。"绿潮"会导致水质恶化，还会因为耗尽水中的氧气而造成鱼类死亡。有些种类的蓝藻还会产生大量毒素，危害人体健康。如果你碰巧遇到了"绿潮"，一定要尽快远离它哦！

绿潮

② 苔藓登陆绿化了世界

提起呱呱叫的青蛙，同学们一定都知道，它们拥有特殊的生存能力——既能在水里生活，又能在陆地上生活。这的确很了不起，我们称这种动物为"两栖动物"。

有一种植物，也有这样的本领。我们称它为"水陆两栖植物"。和青蛙相比，它沉默不语，低调多了。

这了不起的植物是谁呢？苔藓。对，就是那个"苔痕上阶绿，草色入帘青"的苔藓。苔藓最初"爬"上陆地，可不是像童话故事中的美人鱼那样，不顾一切地寻找心爱的白马王子，而是为了换一种生活环境，在陆地上更好地生存下去。

植物学界的研究资料显示，苔藓植物的老祖宗，很可能是从绿藻门的轮藻一点一点演化过来的。轮藻是沉水植物，几亿年前，海边的轮藻不甘心一辈子生活在海里，于是产生了到陆地上去的想法。

可植物毕竟不像动物有手有脚，说走就能走。仔细瞧瞧苔藓，它和我们平时见到的植物不一样，没有宽大的叶子，根也是"假根",在水中漂浮着,这样的条件想成功登陆,谈何容易!

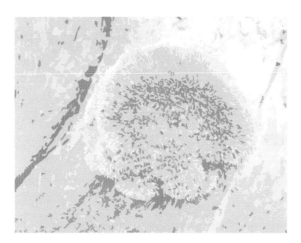

轮藻

不过没关系,苔藓的祖先聪明又顽强,"逢山开路,遇河搭桥"。它们首先进化出一种像针管一样的器官,扎入土里,大口大口地吸收地下的养分,再加上地面上有阳光照射,叶子可以进行光合作用,给植物供应充足的能量。注意,最早的植物还没有"根"这个器官,根是为生长而进化出来的。这时候的苔藓,已经基本具备了登陆的能力,创造了陆生植物的雏形。

苔藓的祖先这样就成功了吗?还没有!当时陆地上并没有适合苔藓生长的土壤,漫山遍野全是大大小小的岩石。聪明的苔藓祖先分泌出了一种神奇的酸性液体,这种液体能够慢慢将岩石溶解成微小的颗粒,这为后来土壤的形成奠定了基础。

嘿,这下苔藓植物的祖先终于可以在陆地上安家了。这还不算,它们的理想可大着呢,希望漫山遍野都是它们的子子孙

孙！于是，它们开始琢磨如何繁衍后代了。

聪明的苔藓植物进化出很多种我们意想不到的繁殖方式。比方说，壶苞苔能同时产生星形和球形芽胞，球形芽胞可以抵抗严寒，帮助它度过寒冷的冬天幸存下来。有的苔藓像丛叶青毛藓还会"克隆"后代，当风折断它脆弱的茎时，折断后的部分被风吹到哪里，它就在哪里安家，长出新的植株来。

正是有了这样神奇的繁殖方式，才使得原本光秃秃的山坡野地披上了绿衣裳。毫无疑问，这都是苔藓的功劳。

苔藓

每每提到苔藓，我们能想到的，都是个头矮小、结构简单，生长在阴暗潮湿地方的不起眼的小小植物。可就是这样的小植物，经历了从海洋到陆地不可思议的旅程，为我们带来了今天丰富多彩的植物世界。

真是个了不起的家伙呀，我们一起向苔藓致敬吧！

3 恐龙的"口中餐"

自从成功登陆之后，苔藓植物可高兴坏了。它们尽情地吸取地下的养分，沐浴温暖的阳光，过着神仙般的日子。依然泡在海水里的生物对此羡慕不已，纷纷想要投靠陆地。

苔藓

这不，在众多生物中，有一支名叫绿藻的族群终于按捺不住，行动起来了。它们效仿苔藓植物，积极地改造自身的结

构，经过一番不懈的努力，绿藻终于成功"爬"上了陆地！我们称之为裸蕨类植物。这一切，发生在令人不可思议的3.35亿年前。

提到"裸蕨类植物"，很多同学可能没听说过，它们没有那么高大上，但是在当时也算得上是最高级的植物。裸蕨，就是蕨类植物的祖先。

好了，从现在开始，裸蕨类植物就可以像苔藓植物那样享受生活了吧？千万别高兴得太早！别忘了，这可是在恐龙世纪！嘿，奇怪了，这和恐龙又有什么关系呢？

我们都知道，恐龙个个儿膘肥体壮，这么庞大的身躯，想必食量也不会太小吧？它们靠吃什么来维持这圆滚高大的身材呢？生物学家对恐龙化石进行了细致的研究，结合地球当时的状况做出了大胆的推测，认为恐龙最钟爱的美食是植物。

那么，当时地球上到底有哪几种植物呢？答案是苔藓植物、蕨类植物和裸子植物。

关于苔藓植物，我们已经很熟悉了，它们个头矮小，叶子也不大，对于恐龙宽大的嘴巴来说，要想吃进嘴简直太难了。当然，恐龙中也一定有那么几个任性的家伙，如果它们非要尝尝的话，恐怕要啃一嘴泥了。

再说裸子植物，植株比苔藓植物高大挺拔得多，有比较发达的木质结构，恐龙如果把它当作食物，估计和我们嚼牙签的感觉差不多。

现在就只剩下蕨类植物了。蕨类植物的茎不像裸子植物那么坚硬，也比苔藓植物长得高挑，毫无疑问，这就是恐龙们最爱的美味了。它们无论如何也想不到，自己费尽周折、风风火火地登陆，最后竟成了别人的口中餐！

蕨类植物

这也就罢了，更悲惨的是——石炭纪悄无声息地到来了。

石炭纪时期的地壳活动非常频繁，各个板块之间你撞我、我挤你，导致地面上出现了高耸入云的山脉和深不见底的峡谷。整个地球的气候全变了！

地面上这些历尽千辛万苦的植物们怎么办？它们面临着两种命运：第一种是继续生存，生长到久远的年代成为"活化石"；第二种是顺从山崩地裂的摆布，数亿年后，成为人类的能源。结果，蕨类植物中的石松类、木贼类和真蕨类幸运地活了下来，最终，它们的子孙创造了森林！相反，绝大多数没有躲过山崩地裂变化的植物，只好顺从被地壳运动安排的命运，被埋葬在泥泞的沼泽沉积物中。千百年后，这些沉积物被一点一点地压缩，形成黑色的、富含碳元素的底层。

这黑色的物质是什么？它就是我们冬天常用来取暖的煤！

4 蕨类的祖先——裸蕨

当我们沿着蕨类植物的发展脉络一路向前摸索，就会找到它们的祖先——裸蕨。

要想看看裸蕨到底长什么样，得穿越到4亿年前。

裸蕨有高个子也有矮个子，高个子大约有两米，矮个子大约有几十厘米那么高。裸蕨的脚下，是像老爷爷下巴上的胡须一样的假根，全身上下一片叶子也没有。

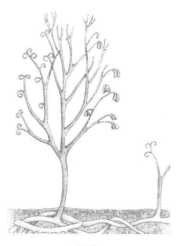

裸蕨

假根我们以前提到过，它是低等植物所特有的，具有吸收和固着作用的丝状构造。它仅由伸长的单细胞或单列的多细胞构成，没有组织的分化，如苔藓植物、蕨类植物的根就是假根。

除了假根，你一定也没想到，这世界上竟然存在没叶子的植物吧，正因为这样，它才得名叫裸蕨呀！

通过放大镜，你会清晰地看到茎的角质层和气孔。角质层有很了不起的本事，它能防止裸蕨体内的水分蒸发，有了角质层的帮助，裸蕨就再也不用每天都泡在水里了。气孔有点儿像我们的嘴巴，帮助裸蕨植物进行呼吸。

用刀片将裸蕨的茎轻轻划开，里面是简单的维管束和典型的原生中柱。假根从地下吸收植物生长所需要的水分和养分，维管束会把水分和养分运输到植物的各个部位，就好比我们城市的供水、煤气等管道一样。这样，植物才能茁壮成长。

在裸蕨植物头顶的叉枝上，长着一对一对椭圆形的孢子囊。

放大10倍的孢子囊

在每一个孢子囊温暖的怀抱里，都藏着很多个孢子。孢子成熟之前，孢子囊用坚硬的外壳一直保护着它们，不让它们受到一丁点儿的伤害。当孢子成熟后，孢子囊会像豆荚一样自动裂开，将一颗颗孢子传播出去，孕育新的裸蕨植物。

可是谁也没想到，聪明的裸蕨类植物在泥盆纪傲娇地登陆，却在之后的石炭纪销声匿迹，但是能量不灭，它们多是沉入大地化成煤了。

裸蕨类植物有很多种，我们只说说其中一种重要的类型：三枝蕨。

在三枝蕨的主干上，长着很多侧枝，它们规规矩矩地按照螺旋状排列。侧枝长出后，很快就会长出相等的三叉式分枝，过不了多久，每个小枝上又会长出新的三叉式分枝。然后在最顶端的细枝上，生长着孢子囊。这些孢子囊有的是两个一对，有的是三个一组，和其他裸蕨类植物相比，这可真是够高大上的。这还不算，三枝蕨长得粗壮，枝杈结构特别复杂，显然是比较高级的裸蕨类植物。

地球旋转，光阴荏苒，时间是大自然造物的雕塑师，经过漫长时间的进化，这种裸蕨类植物最终发展成为真蕨类植物和前裸子植物。而前裸子植物，最终将演化为各类裸子植物。也就是说，三枝蕨演化出了种子植物的一种。

种子植物分为裸子植物和被子植物，后者种子的外层有果皮包被，而前者的种子裸露着，没有果皮包被。简单来说，三枝蕨就是前一种植物的祖先。

5 从一粒种子到一株植物

同学们，你们知道种子有多神奇吗?

请你随便挑选一粒植物的种子，轻轻埋进肥沃的土壤里，然后给种子提供充足的水分、温暖的阳光。种子会毫不客气地享受这一切。它先是把自己养得胖胖的，然后两只脚拼命地向地下扎根，再从地面探出两片肥嫩的子叶。用不了几天，子叶就会长成幼苗。一粒种子就这样奇迹般地变成了一株植物。

13

幼苗

种子里面到底藏着什么魔法，它为什么会有这么大的超能力呢?

种子

种子，是种子植物繁殖后代的重要器官，由种皮、胚和胚乳三个部分组成。种皮，就是种子最外面的保护层，它会像盔甲一样保护种子不受到任何伤害。胚，是一粒种子中最重要的部分，种子正是依靠胚才培育出新的生命。胚乳，就像是种子的营养袋，里面存储着充分的养料，供种子发芽、生长。

根据植物种子的形态不同，植物学家把种子植物分成两大类，一类是裸子植物，另一类是被子植物。裸子植物的种子外面没有任何结构包裹，坚强而又倔强地裸露在外面。被子植物可就不一样了，它们的种子外面是果肉，果肉的外面是果皮，种子无时无刻不在享受着最高级的待遇。

其实，不同植物的种子之间有很大的区别。在形状上，龙眼的种子是圆形的，花生的种子是椭圆形的，蚕豆的种子是肾形的，真是多种多样。种子的颜色更是千差万别，有红色的、绿色的、黄色的、白色的。不过，如果你能做一个细致的统计的话，会发现所有的种子中，褐色和黑色所占的比例是最高的。

要说种子的大小，那更是令人大开眼界了。有一种叫斑叶兰的植物，它的种子简直小得可怜。在斑叶兰的种子面前，芝麻粒简直称得上"庞然大物"。5万粒芝麻种子的重量是200克，而5万粒斑叶兰种子的重量仅有0.025克。整整差了8000倍！别看斑叶兰的种子小，可是人家数量多呀，传宗接代的功能一点儿也没耽误。

既然有最小的种子，那么就一定会有最大的种子。在非洲东部的海边，长着一种复椰子树，结出来的复椰子大得出奇，种子的直径有50厘米长，可以长到15公斤！复椰子的种子不但个儿大，长相也相当奇特，有点儿像两个椰子粘在了一起，又有点儿像人的臀部。别看种子长得丑，复椰子可是塞舌尔的国宝呢！

说到种子的传播，可以说是五花八门，各显神通。那些比较轻的种子，最喜欢做的事就是兜风，顺便传播到四面八方去。生长在水边的植物，种子成熟后就会借助水流漂向远方。还有一些植物的办法更巧妙，比方说苍耳，它们的种子成熟后，会牢牢地附着到动物的身上，借着动物的脚步到它想去的地方安家。

种子与我们的生活息息相关，有的种子可以用来入药，有的种子可以用来做调味品，还有的种子被直接端上了餐桌。当然，种子最重要的作用还是传播生命。

6 千年铁树也开花

俗话说："铁树开花，哑巴说话。"看来铁树开花肯定是很难的事情了，那么铁树是什么树？它到底开不开花？

铁树，又名苏铁，是地球上现存的最原始的种子植物之一，因为树干坚硬如铁，还尤其喜欢含铁的肥料，所以取名叫"铁树"。苏铁是慢性子，生长速度非常缓慢，但是寿命却很长，一般能活到200岁。

和其他植物相比，苏铁有很多特别之处。枯老的树皮，像钢针一样的叶子，枝条肆无忌惮地伸向四周，实在很难让人喜欢上它。不过，苏铁虽然没有白杨那么挺拔，更没有垂柳那么柔情，可就是它这份别具一格的独特性获得了人们的芳心，还得到了"世界上少有的、最古老的观赏乔木"的称号。

我国南方通常把苏铁种植到庭院里或者草坪内，而苏铁在北方则常常一棵棵孤零零地站在花盆里，被摆放在室内大厅或是大楼门口，供过往的行人观赏。四季常青，叶片柔韧，这大概就是苏铁可爱的一面吧。

苏铁是个性很强的植物，天生喜欢温热地带，很怕冷。如果没有满意的生活环境，苏铁会倔强地用"罢长"来表达愤怒，你不给人家足够的阳光，人家就还你一个又小又矮的植株，更不会开花给你欣赏。相反，如果能提供给苏铁想要的温度和湿度，它就可能会带给你大大的惊喜，不但植株长得高大漂亮，还会在春夏之际开花呢！

那么，苏铁到底会不会开花呢？答案是肯定的，不过，它的花和我们平时看到的花可不一样。

苏铁可不是生来就能开花的，要想年年开花，那得至少长到15岁才行。每一株苏铁只能开一种花，要么是雌花，要么是雄花，即雌雄异株。苏铁的雄花很大，是长椭圆形的，刚刚绽放时是靓丽的鲜黄色，渐渐成熟后就会变成褐色，一般在6月至8月间开放。雌花则好像一个大绒球，最初绽放时是灰绿色，成熟后会变成褐色，一般在10月到11月间开放。

苏铁的雄花

苏铁的雌花

开花之后就会结果了吧？有一个秘密我必须得告诉你——苏铁是裸子植物，它有根、有茎、有叶、有种子，可偏偏没有花。

这是怎么回事呢？原来我们上面说的花，其实是它的种子。苏铁的种子长在树干的顶部，被叶子团团围住。如果你将包裹在外面的壳剥掉，就会看到里面藏着一颗颗或红褐色或橘红色的种子了。

要想看到苏铁开花结果，首先雄花要给雌花授粉，可实际上，因为雄花和雌花开放的时间不一样，所以雄花很难完成这个艰巨的任务。因此，苏铁的繁殖也就没办法完全依赖种子了，这才有了"千年铁树开花"的说法。

不过，聪明的植物学家发明了分株繁殖的方法，从而使几亿年前延续至今的苏铁能够继续枝繁叶茂，人丁兴旺，我们才有机会欣赏到苏铁的美。

7 秋天金黄的银杏

这是一个很古老很古老的物种。

秋天，当所有植物都渐渐枯萎的时候，有一种树却在骄傲地闪着金光。它，就是银杏树。高大挺拔、树干通直、姿态优美，这是银杏树给我们的第一印象。

银杏叶

19

我们喜爱银杏树，尤其喜爱它的叶子。银杏叶像一把把小蒲扇，春夏季节翠绿，深秋季节金黄，常常被人们捡来夹在书本里，作为美丽的书签。

银杏俗称公孙树，最早出现于3.45亿年前的石炭纪，曾广泛分布于北半球的欧洲、亚洲、美洲，与动物界的恐龙一样称王称霸于世。

银杏的祖先说不定还是恐龙的食物呢！不得不说，拥有这么古老的历史，银杏值得我们尊敬！

事实上，银杏并不是一路顺畅地走过这3.45亿年的，到了白垩纪后期的时候，它们就渐渐开始出现衰退，能繁衍到今天，是经历过大灾大难才幸存下来的。

我们把时间退回到160万年前，当时地球上发生了第四纪冰川运动，空气骤冷，绝大多数植物被活活冻死了。幸运的是，当时只有中国气候条件适宜，这才使得部分银杏存活了下来。同学们都知道大熊猫是我们的国宝，而这来之不易的银杏就被科学家们称为"植物界的大熊猫"。

虽然银杏在秋天异常漂亮，可是到了冬天，它同其他植物一样，叶子干枯掉落，这一特点和很多被子植物都很像。

让我们再来看看银杏的花。银杏的雌球花既没有子房也没有花柱，只是一个赤裸裸的胚珠。胚珠发育成熟之后是种子，但并没有果实包裹在种子外面。嘿，这么看来，它可一点儿也不像被子植物了，毫无疑问，它属于裸子植物。

那么，我们是不是很轻松地就可以按照门、纲、目、科、属、种对银杏进行分类了呢？

并不是，新的麻烦又出现了。

植物分类学家在数百种裸子植物中，连一个银杏的亲戚也没找到，也就是说，银杏和哪种植物都不是一家人！最后，植物学家们只能把银杏单立门户，建立了银杏纲，而这一纲中只有"银杏"这一目、一科、一属、一种。

银杏的雌球花

银杏和松树、柏树、槐树被称为"中国四大长寿观赏树种"，它们个个儿都是"老寿星"。你知道吗，银杏通常可以活到500岁以上！

每年到了收获的季节，很多树上都是硕果累累。银杏却很特别，有的树上结满了白果，可有的树上只有枝繁叶茂。这又是怎么回事呢？其实很简单，银杏树分为雌树和雄树，只有雌性的银杏树经过授粉之后才能结果，而雄性的银杏树却不能。

未来，如果你能成为一名植物学家的话，那么你一定会发现更多关于银杏的秘密。

8 从远古走来的"三棵大树"

植物界中，有从远古走来的"三棵大树"。它们亘延万年，万古长青，同学们，你们能猜出它们是谁吗？

可能有的同学知道，而有的同学早已经把脑瓜摇成了拨浪鼓。不知道不要紧，我们现在就来认识一下它们。其实这"三棵大树"对我们来说一点儿也不陌生，它们就是——松、柏、杉。

松科植物最早的化石出现在中生代侏罗世纪，到了白垩纪后种类变得越来越多。但是在第四纪，随着全球气候的变化，有一部分松科植物已经灭绝了，另一部分繁衍至今。再看柏科植物，世界上的柏树王就位于中国西藏的林芝市，现在已经至少2600岁啦！杉科植物的化石最早出现在中统侏罗系地层，到了白垩纪，几乎所有的类型都已出现，而且已经广泛地分布于北半球了。

松、柏、杉外形相似，都是身材笔挺的大高个儿，看起来活脱脱就像"三胞胎"，要想真正辨别它们，那可要下一番功夫了。

首先，你可不能简单地从名字上区分。比如"水松"和"金松"，别看名字里都有"松"字，可它们却是杉科植物。同样的道理，"冷杉"和"云杉"虽然名字里都有"杉"字，可它们却是松科植物。

怎么样，是不是很有意思呢？要想真正区分它们，我们还得具体了解它们各自的特殊结构才行。

松科植物最大的特点就是它们的叶片形状特殊，是细长的针状叶，在短枝上一簇一簇地生长，用手轻轻地摸一下，你能感觉到松针十分尖锐，有一点儿扎手。

松

而柏科植物的叶片是鳞片状的，树枝的每节上生长着2~3片叶子，和松科植物相比，它的枝叶更加浓密，整个树冠完全被枝叶覆盖着，站在远处看，就像一个硕大的墨绿色的圆锥体。

相比之下，杉科植物辨认起来就麻烦得多，因为它的叶片有很多种，比方说披针形叶片和松树的针叶很像，只是比松科

的针形叶稍微宽一点儿，条形叶片又和柏树十分相似，如果不仔细观察的话，你一定会把它们弄混的。

杉

要想区分清楚，就必须拿出秘密武器了——从球果种鳞与苞鳞联合的紧密程度来辨别。杉科植物的球果是种鳞和苞鳞半合半闭式生长的，轻轻一掰就开了。可是柏科植物就不一样了，它们的种鳞和苞鳞是全闭合式生长的，想要把球果掰开，那可就难了。

怎么样，你学会如何区分松、柏、杉这"三胞胎"了吗？

松杉纲是裸子植物门中最大的一纲，虽然不像被子植物有那么多的种类，可人家毕竟有600多种植物呢！这么庞大的家族，要想把每一个家庭成员分辨清楚，可真不是一件容易的事，还需要我们坚持不懈地努力学习才行呀！

9 一亿年后看到的水杉

无论谁来到湖北省的"鄂西树海"游览区，都会被一棵参天古树深深吸引。古树腰板挺直，就站在利川市谋道镇公路边上，好像是位迎宾使者，不论刮风下雨，默默恭候着每一位远道而来的客人。

走近它，你立刻会感觉到自己的渺小，因为它足足有35米高，相当于12层楼房的高度！仔细观察这棵树，它的树干基部膨大，灰褐色的树皮自然裂成长条状，已经脱落的地方露出淡紫褐色的内皮，不经意间显露着经历的沧桑。

每年的阳春三月是游览区里游客最多的时候，因为人们不想错过古树一年中最美的时刻——此时，它身上披着薄薄的绿纱，远远望去，就像一座翡翠一样的伞塔，美得令人惊叹。

它是什么树？最初发现它的时候，没有人能叫出它的名字。植物学家几乎把世界上所有的植物家谱都翻了一个遍，始终也没能找到它或者它的亲戚。这就怪了，它叫什么？究竟属于哪一科、哪一属？

直到1946年，我国植物分类学家胡先骕教授和树木学家郑

25

万钧教授经共同研究才揭开了谜底：它就是闻名世界的天下第一杉——水杉，这棵树已经有550多岁了。

人们简直不敢相信，这世界上竟然还有水杉存活着！在此之前，压根儿没有人见过活水杉，毕竟水杉是相当古老的植物，生存在距今1亿多年前的中生代白垩纪时期。尽管在新生代中期，水杉逐渐分布到欧亚、北美以及中欧，几乎遍地都是，可是到了第四纪，地球发生了冰川运动，水杉哪里经受得了这般寒冷的袭击，很快在欧洲、北美洲全部灭绝了。

谁能想到，1亿多年后的今天，水杉就那么猝不及防地站在我们面前了！它的小枝微微下垂，叶片交互对生，呈线形排列，每一条小枝就像一根长长的羽毛。

水杉

那么，这棵古老的水杉到底是怎么留存下来的呢？

事实上，距今200万~300万年前，尽管冰川几乎席卷了整个欧洲和北美，但是欧亚大陆有一些地理环境比较独特的地区很幸运地躲过了一劫，从而成为一些植物的避难所。水杉、银杉和银杏等一些珍稀植物就是这样被保存下来的，它们非常幸运地成为历史的见证者。

当我们了解了水杉的历史之后，便会油然生出敬畏之情。再去看它，会发现它优雅古朴，格外不同。这种姿态不是一天两天就能养成的，它可是经历了500多年的修炼呀！

植物学家视这棵水杉为传世珍宝，给它取了一个响亮的代号——利川谋道1号。自此之后，植物学家又分别在湖北利川市、四川石柱县、湖南龙山县陆续发现了水杉，其中有很多已经是200~300岁的大树了。

利川谋道1号

这些伟大的发现弥足珍贵，为古植物以及裸子植物系统发育的研究带来了很大帮助，也为人类研究历史起到了重要作用。

10 一生不落叶的沙漠植物

有怕落叶的树吗？

在植物界里，有一个很怪异的家伙，说它怪异，是因为它一生都不落叶，它的落叶之日也就是它的生命结束之时。

它，就是百岁兰。

你现在是不是想说，还有很多很多植物四季常青，永不凋落呀！其实这种说法是不正确的。松树和柏树虽然一年四季都是绿色的，可事实上它们并不是不落叶，而是新老树叶逐渐更替。当一部分叶片衰老脱落的时候，一部分新叶片就会生出，所以我们看到的松树和柏树永远是四季常青的。

但百岁兰却完全不同，它是真正意义上的一生不落叶！

让我们走近这远古时代子遗下来的"活化石"看一看吧！

百岁兰的树干又短又矮，很少超过50厘米，整棵植物就像无数片叶子堆积起来的小山丘。

百岁兰有无数片叶子？如果你真这么认为，那就大错特错了！实际上，百岁兰一生只长两片叶子，它们相互偎依，越长越大，盘绕堆积到一起，就让你产生了错觉。

我们设想一下，如果百岁兰的叶子就这样一直长下去的话，到底能够长多长呢？资料显示，百岁兰的叶片一年平均能生长13.8厘米，1000年便可生长出长达150米的叶，叶的平均厚度为1.4毫米。

1000年？没错，就是1000年！百岁兰是一种长寿植物，你可能无法想象，至今发现的最古老的一株百岁兰，竟达2000岁高龄！人们也因此称呼它为"千岁兰""千岁叶"。

百岁兰

按理说，叶子都是有一定寿命的，从幼叶伸展开始到叶的衰老、枯萎、脱落，这似乎是再正常不过的自然现象了，可百岁兰到底拥有什么魔力，能保持叶子永不凋落呢？

原来，在百岁兰叶子的基部，有一个很神奇的结构叫"生长带"，那里的细胞天生就有较强的分生能力，这种能力促使百岁兰不断地产生新的叶片组织。就算叶子的最前端因为风沙扑

打或者气候干燥而枯死，那也没关系，很快就会有新的叶片替补上来。而且，百岁兰是生长在近海沙漠中的裸子植物，那里有大量的海雾，能源源不断地为百岁兰提供水源。另外，百岁兰的根系十分发达，可以深深植入地下30米，所以它根本不怕干旱。哪怕是高达65℃的地面温度，百岁兰也依然能存活。这就是百岁兰看上去永远年轻的奥秘。

百岁兰寿命特长，植株特矮，叶片又特大，注定成为很好的天然观赏植物。不过，它可不是想见就能见到的。百岁兰是雌雄异株的植物，雌株一次可以结60~100个雌球果，种子数量可以达到10000粒，不过百岁兰的种子很容易受到真菌的侵染，所以只有不到万分之一的种子会发芽并且长大成株。

百岁兰

于是，只有在非洲西南部的狭长近海沙漠才能找到百岁兰。要想观赏到它，恐怕你要费上一番周折喽！

11 被子植物从哪儿来

　　大约在1亿年前，裸子植物由盛而衰，被子植物得到发展，成为地球上分布最广、种类最多的植物。

裸子植物

　　被子植物也叫显花植物、有花植物，它们拥有真正的花，这些美丽的花是它们繁殖后代的重要器官，也是它们区别于裸子植物及其他植物的显著特征。被子植物有20多万种，占植物

界总数的一半以上。它们形态各异，包括高大的乔木、矮小的灌木及一些草本植物。

被子植物从哪儿来？这个问题在科学界已经被争论了将近200年，直到今天，也没有一个统一的答案。英国生物学家达尔文更是称之为"讨厌的谜"。

在被子植物出现之前，无论是藻类植物、蕨类植物还是裸子植物，它们的出现都有一个共同点——由少及多。也就是说，从前的任何一门植物都是一点一点发展起来的，古生物学家可以根据植物的发展过程，清晰地辨别出哪个种群是比较原始的，哪个种群是新进化来的。按照种群出现的先后顺序，古生物学家对其进行分类列表，记录植物的起源和演化过程。

然而被子植物却是一个例外！在距今1.25亿~1.2亿年的白垩纪，正是裸子植物和苔藓植物霸占地球的时候，它们占尽了主角光环。令人惊奇的是，在0.2亿年后，有花植物毫无征兆地突然大面积出现了！第一棵被子植物是什么时候闪亮登场的？没有人知道。它们像一夜之间直接从地下冒出来一样毫无预兆。

植物学家对突然出现的开花植物非常感兴趣，他们查找各种资料，做各种大胆的猜测。以维兰德为代表的多元论支持者认为，被子植物来自很多种不相关的群类，比方说苏铁蕨、开通蕨、银杏、松柏类……暂且不说这种观点对与错，只是大致算一下，被子植物恐怕就要有20多个祖先了。以哈钦松为代表的植物学家主张被子植物单元起源论，认为被子植物来源于一个共同的祖先。

那么，被子植物究竟是起源于哪一类植物呢？是藻类、蕨

类、松杉目还是种子蕨？这着实令植物学家伤透了脑筋。

的确，被子植物是多种植物中的最后一个门，它的结构远比藻类植物、蕨类植物和裸子植物复杂得多。况且，被子植物又各有不同，有草本植物、有木本植物；有身材矮小的、有身材高大的；有喜欢晒太阳的、有喜欢庇荫的……谁能想到，这些形态截然不同，生活习性差异巨大的植物竟然同在一个门内，这对植物分类工作者提出了巨大的挑战。但是，因为有关被子植物起源、演化的化石证据不足，直到现在也没有一个比较完善的分类系统。

1998 年，我国著名的古生物学家孙革在 *Science* 上发表了一篇文章，文章以"辽宁古果"的化石为依据，证明了被子植物起源于侏罗纪晚期，距今已有 1.45 亿年。而且，被子植物的祖先类群可能是现已灭绝的种子蕨类植物。这一重大发现，无疑给被子植物的起源研究带来了新的突破。

被子植物

12 花儿为什么这样红

花，是适合于繁殖作用的变态枝。

这是德国作家、科学家歌德提出的观点，一语中的地解释了绝大多数被子植物花的结构。无论是从化石记录，还是从个体发育证据上看，这一观点都得到了证实。

花是繁衍后代的器官

　　花生来不仅仅是供人观赏、展示美丽的，它还是被子植物繁衍后代的器官。一朵完整的花，主要包括六个基本部分：花梗、花托、花萼、花冠、雄蕊群和雌蕊群。其中，花梗和花托相当于枝的部分，其他四部分合称为花部。

　　你知道吗，并不是所有的花都有完整的花部。例如，黄瓜花缺少雄蕊或者雌蕊，而杨树花缺少萼片、花瓣、雄蕊或雌蕊。像这种缺少任何一部分的花叫作不完全花，只有那些四部分都比较完整的花才称得上完全花。像桃花这种，在一朵花中雄蕊和雌蕊同时存在的，我们称它们为两性花。只有雄蕊或者只有雌蕊的花，我们称它为单性花。雌花和雄花在同一植株上的，叫作雌雄同株，不在同一植株上的，叫作雌雄异株。

　　一朵花想要孕育出后代，首先就要满足一个条件——雄花负责传播花粉，雌花负责接收花粉。这可不是雄花和雌花自己就能完成的，这么艰巨的任务还要借助别人的帮助才行。可是，找谁帮忙呢？

花

自然界中有一个最多变的家伙，它就是风。风的脾气比较怪异，时而温和时而暴躁，让人捉摸不透。可正是这种难以捉摸的个性，偏偏可以帮助花朵授粉。

大风一吹，雄花上大量光滑、干燥又极轻的花粉瞬间就被吹散了。有的被吹到高空，有的被吹到遥远的荒野，只有极少数能够精准地落到雌花上。这种靠风传播花粉的方式看起来的确有些随意，但是相对于藻类植物和蕨类植物来说，真的已经进步不少了。那些被吹得四处飘散的花粉，最终也将使植株零零散散地分布在地球上。想想蒲公英，这个问题就一点儿也不难理解了。

但这样下去终究不是办法，浪费那么多的花粉也实在可惜。于是，聪明的被子植物又想出了新的办法。它们改造了自己的生殖器官，花朵变得五颜六色、气味芬芳。那些爱凑热闹的昆虫可按捺不住了，它们对花色和花蜜特别喜爱，便开始不辞劳苦地奔波，采集蜜源。这样一来，花粉也就能更加精准地传播于雄蕊和雌蕊之间了。花儿再也不用为花粉无法传播发愁了，昆虫也不用再为自己的"口粮"发愁了，它们达成了"共生"的默契。

但是，昆虫的体力是有限的，它们没办法跨越海洋长途飞行，只能在它们的生活圈子内忙碌。所以说，这种方式终将导致被子植物无法大面积传播，在地球上只能呈片状分布。

但不管怎么样，花的产生，使植物体的生活方式变得更加"经济"和"高效"了。

13 花王牡丹和花相芍药

牡丹是中国传统名花，集色、香、韵、美于一身。诗人白居易曾用"花开花落二十日，一城之人皆若狂"的妙句来形容牡丹的天姿国色。刘禹锡也曾这样描写牡丹："庭前芍药妖无格，池上芙蕖净少情。唯有牡丹真国色，花开时节动京城。"牡丹端庄妩媚、雍容华贵，似乎用这世间任何美丽的词汇来形容它都不过分。

明代李时珍在《本草纲目》中写道："牡丹以色丹者为上，虽结子而根上生苗，故谓之'牡丹'。""牡"是可无性繁殖的意思，因花朵多为红色，所以为"丹"。

关于牡丹的模样，我们并不陌生。它株高0.5~2米，叶子大多是卵圆或者椭圆形。牡丹的花生长在新枝的枝顶，颜色鲜艳，主要有白、黄、粉、红、紫红、紫、墨紫、雪青、绿、复色等十种颜色。牡丹结五角形的蓇葖果，长圆形，密生黄褐色硬毛。种子偏圆形，成熟的时候是蟹黄色，老时就会变成黑褐色。

牡丹

别看牡丹植株不高，但是花朵很大，而且香，所以有"国色天香"的美誉。说来，这还和唐代著名的美女杨贵妃有关呢！

在唐代天宝年间，百花盛开、争奇斗艳时节，唐玄宗、杨贵妃和李白一起来到东沉香亭赏花，同时还让李龟年带领宫廷歌班来助兴。唐玄宗让李白当场作词，李龟年谱曲。就这样，流传千古的《清平调》问世了。李白的三首《清平调》均以牡丹为主题，专门为杨贵妃所作，从此，牡丹就和雍容华贵的杨贵妃联系在了一起。

说起牡丹，似乎就不得不提起芍药。自古就有牡丹为花王、芍药为花相的说法。在英语中，牡丹和芍药是同一个词，而且它们的花形和叶片也极为相似。但是如果你足够细心的话，很容易就能看出它们的差别来。首先，牡丹和芍药虽然同属芍药属植物，但是芍药是宿根的草本植物，而牡丹是灌木木本植物。其次，牡丹大多在5月初开花，芍药开花的时间要

38

晚一些。此外，它们的原产地也不同。牡丹原产于我国西部的秦岭和大巴山一带，而芍药原产于我国北部和西伯利亚一带。

芍药

唉，不是说洛阳是牡丹之乡吗？别急，这里面还有一个小故事呢！据《镜花缘》记载，一次，武则天喝醉了酒，命令百花齐放，为她助兴。天哪，这可不是一件容易的事！我们都知道，紫罗兰在春天盛开，玫瑰花在夏天怒放，菊花争艳在深秋，梅花斗俏在严冬，要想让所有的花一齐绽放，简直是天方夜谭！但是，百花慑于武后的权势，都按时开放了，唯独牡丹仍然是干枝枯叶。武则天大怒，便把牡丹贬到了洛阳。从此，便有了洛阳为牡丹之乡的说法。

其实，早在清代末年，牡丹就曾经被当作中国的国花，它有着数千年的自然生长和1500多年的人工栽培历史。目前，世界各地种植的牡丹，也都是从中国引进的。

14 梅花香自苦寒来

    梅花，又名"一枝春"，因"万花敢向雪中出，一树独先天下春"而被誉为"花中之魁"。历代文人墨客对梅花亲爱有加，咏梅的诗词文章也层出不穷，即使在今天，我们也常能听到人们对梅花的赞美。

梅

梅，小乔木，植株高4~10米，灰中带绿的树皮摸上去十分平滑。梅的叶片呈卵形或椭圆形，和它的植株颜色很像，也是灰绿色，细看的话，你会发现叶片边缘是锯齿状的。

梅花是花中的老寿星，在中国不少地区还存在着千年古梅，湖北黄梅县有株1600多岁的晋梅，直至今日还在绽放。

梅花不但可以供人观赏，鲜花还可以提取香精，它的花、叶、根和种仁都可以拿来入药。果实可以食用，有止咳、生津的功效。

在众多花卉中，梅花可以说是相当有个性了。为什么这么说呢？绝大多数的花都是先展叶后开花，梅花却恰恰相反。所以，你见到梅花的时候常常是这样的景象——光秃秃的树枝上，赫然绽放着耀眼的梅花。够特别了吧？

这还不算，别的花都是选择在温暖的春夏绽放，梅花偏不！越是风雪凛冽，它越是开得精神。不过，正是它这种迎雪吐艳、凌寒飘香的崇高品质一直吸引和鼓励着我们。在气候寒冷的初春，乍暖还寒，所有的花都缩头缩脑，期待在天地转暖时开放。而梅花敢为花先，这也正是我们敬佩梅花的地方。

那么，如此奇特的梅花是从哪儿来的呢？

梅花源于中国，由野生杏演化而来。早在3000多年前，我国把野生杏培育驯化成了家杏，或只作为观赏品种，后来又经培育驯化，发展成为傲视冰雪的梅花品种。

春秋战国时期，爱梅之风盛行，采梅果对人们来说早已经不那么重要了，他们更热爱的是赏花。到了汉晋南北朝，人们开始咏梅，魏晋之后，种梅和赏梅更是人们最喜爱的活动，唐

宋时期更是蔚为大观。

人们喜爱梅花，不单单是因为梅花的香与美，更看重的是它秀雅不凡、冰心玉质的形象和"梅花香自苦寒来"的精神。

说到这儿，就不能不讲一讲"踏雪寻梅"的故事了。孟浩然和王维是好朋友。在一次宴会上，孟浩然以主人的身份赋了两句诗："千瓣梅花傲霜雪，春笋遇雨日三尺。"自认为是佳句，心里暗喜。这时，王维站起身来举杯吟道："积雨空林烟火迟，蒸藜炊黍饷东菑。"孟浩然一听，这才是绝妙的好诗呀！他自愧不如，决定用一年时间体察自然之美，来弥补自己创作的不足。

著名散文家张岱在他的《夜航船》里记载，孟浩然常常冒着风雪骑着驴寻找梅花。由此，有人送孟浩然一首打油诗："数九寒天雪花飘，大雪纷飞似鹅毛。浩然不辞风霜苦，踏雪寻梅乐逍遥。"经过数年的刻苦观察，孟浩然终于写出了很多优秀的田园诗。

梅

15 诗词歌赋赏菊花

菊

　　菊花，多年生草本植物，花中四君子之一。植株高30~100厘米，除了悬崖菊形状特殊外，其他品种的植株都是直立的。菊花的叶片呈卵圆或长圆形，边缘是锯齿状的。我们印象中的菊花大多是金黄色的，其实不然，菊花色彩非常丰富，有红、黄、白、墨、紫、绿、橙、粉、棕、雪青、淡绿等很多种。

菊花式样繁多，品种复杂，有单瓣的，还有重瓣的；有扁形的，还有球形的；有空心的，还有实心的。人们试图将种类繁多的菊花归类管理，于是把菊花大致分成了三类：早菊花9月绽放，秋菊花10月至11月绽放，晚菊花12月至元月绽放。

这么说，春天和夏天就不能欣赏到菊花了吗？别着急，聪明的园艺家早就想出了绝妙的好办法，他们运用先进的技术，使菊花在5月到7月都能绽放！

中国栽培菊花已经有3000多年的历史了，不过最初，人们可不是为了赏花。据汉朝《神农本草经》记载，菊花久服，能轻身延年。《西京杂记》中也写道："菊华舒时，并采茎叶，杂黍米酿之。至来年九月九日始熟。就饮焉。故谓之菊华酒。"从这些记载看来，中国栽培菊花，最初是为了食用和药用。

那么，菊花又是怎样变成观赏植物，华丽转变了身份的呢？在这里，我们不得不提到一个人——陶渊明。陶渊明辞官归乡之后，过起了恬淡的生活，他在院子里种了很多菊花。你想啊，一个大诗人每天与菊花朝夕相对，能不吟上两句！"采菊东篱下，悠然见南山"就此诞生了。

让人意想不到的是，一句诗，十个字，彻底改变了菊花的生命轨迹。原本只能用来做药材的菊花，从此拥有了自己的高贵品格——超然物外、恬淡悠闲。后来，菊花广受唐代诗人的喜爱，越来越多的诗歌中都可以找到菊花的影子，在众多重阳诗中，有一半以上都提到了菊花。

比如崔国辅的《九日》："江边枫落菊花黄，少长登高一望乡。九日陶家虽载酒，三年楚客已沾裳。"还有王绩的《九月九日赠崔使君善为》："野人迷节候，端坐隔尘埃。忽见黄花吐，方知素节回。映岩千段发，临浦万株开。香气徒盈把，无人送酒来。"

菊

经过诗人们的反复赞颂，菊花的地位也变得越来越高，甚至有人直接把重阳称为"菊花节"了——"从来菊花节，早已醉东篱"。重阳节文化的抬举对提高菊花的地位起到了至关重要的作用，甚至已经达到"无菊非重阳"的地步。

重阳节时，宫廷里会点菊灯；在民间，邻里、亲朋会制作菊花糕相互赠送，即使是普通家庭也不闲着，会买上一两株菊花回家赏玩。

重阳节的传统习俗一直延续至今，而菊花的地位也变得越发重要，正如宋人晁补之所说的，"中秋不见月，重阳不见菊"。时至今日，作为重阳节的代名词，菊花的地位可以说是无人能够撼动了。

45

16 名花魁首中国兰

"芝兰生于幽谷，不以无人而不芳。君子修道立德，不为贫困而改节。"从古至今，人们欣赏兰花，尤其喜爱它不与群芳争艳，不畏霜雪欺凌的刚毅气质。人们爱兰、养兰、咏兰、画兰，似乎以怎样的方式表达对兰花的喜爱都不为过，古人更是用"观叶胜观花"来赞叹兰花的美。

我们通常见到的花，是由花梗、花托、花萼、花冠、雌蕊群和雄蕊群组成的。兰花也有这些结构，不同的是，兰花通常有唇瓣。事实上，兰花有6枚花被，内轮3枚，外轮3枚。其中，内轮的3枚中有1枚被特化成了唇瓣。唇瓣可不仅仅是用来观赏的，它有更重要的使命——为远道而来的昆虫提供一个驻足的平台，便于它们传粉。

人们根据兰花的习性不同，把兰花分成了地生兰、附生兰和腐生兰三类。

我们通常说的"中国兰"，是指兰属植物中的若干种地生兰。地生兰和其他植物一样，生长在地面上，靠绿叶进行光合作用，靠根系从土壤中吸收水分。热带兰花大都花朵硕大、颜色鲜艳，地生兰却不同。它生长在温带和亚热带地区，没有硕大的花和叶，更没有耀眼夺目的花色，可就是那股淡雅高洁的气质吸引着每一个热爱它的人。

中国兰

所谓附生兰，就是指附生在树干或者石头上的兰花。它和地生兰不一样，根系大多是裸露在空气中，靠从空气中吸收水分来维持生命。像石斛属、贝母兰属都属于附生兰。

再看腐生兰。"腐生"，顾名思义，就是生长在已经死亡并且腐烂的植物上的兰花。它从已经腐烂的植物体内汲取营养，不能进行光合作用。

47

中国栽培兰花有 2000 多年的历史了。据记载，早在春秋末期，越王勾践就在如今的浙江省绍兴市栽种过中国兰。到了魏晋以后，人们多用兰花来点缀庭院，美化环境。唐代，兰花的栽培发展到花农培植。唐代大诗人李白对兰花情有独钟，更是

用"幽兰香风远，蕙草流芳根"来表达对兰花的喜爱之情。兰花文化在宋代达到了鼎盛，有关兰艺的书籍及描述众多，如宋代罗愿的《尔雅翼》有"兰之叶如莎，首春则发。花甚芳香，大抵生于森林之中，微风过之，其香蔼然达于外，故曰芝兰。江南兰只在春芳，荆楚及闽中者秋夏再芳"之说。

兰花

南宋的赵时庚在1233年写成的《金漳兰谱》是中国保留至今最早的一部研究兰花的著作，也是世界上第一部兰花专著。而赵孟坚的《春兰图》已被认为是现存最早的兰花名画，现珍藏于北京故宫博物院内。

达尔文说，兰花是他这辈子见过的最有趣的生物。的确，兰花的结构独特，品种丰富，神秘得像个谜，深深地吸引着众多的植物学家和生物学家。

17 地下发展的草本植物

在众多植物中，有一种堪称是世界上长得最快的植物。据记载，在最快的生长期内，它每24小时就可以生长120厘米！

它就是生长神速的毛竹。毛竹不但长得快而且长得高，最高可以长到20米。

竹

是不是所有的竹子都能长这么快、这么高呢？并不是。

竹子的种类非常多，全世界有1200多种，其中最矮小的竹子，恐怕只有10~15厘米那么高，就像一株低矮的草；但是最大的竹子，却能长到40米以上，看上去活脱脱就是一棵巨树！

一会儿像棵草，一会儿又像树，竹子到底是草还是树？

要想辨别草和树，主要看它有没有年轮。我们用锯子把竹子锯断，来看一看。嘿，里面是空的，根本没有一圈一圈的年轮，毫无疑问，竹子是草本植物，并不是我们想象的木本植物。

竹子主要分布在热带、亚热带至暖温带地区，其中在东亚、东南亚和印度洋及太平洋岛屿上分布最集中。

尽管种类繁多，但是大多数竹子的样貌和特点很相似。它们都拥有长矛一般的叶片，深绿色，长7.5~16厘米，宽1~2厘米。仔细观察，你会发现叶片两侧并不一样，一侧边缘是非常平滑的，而另一侧却布满了小锯齿，看上去非常粗糙。

竹子也是开花植物，但是不同种类的竹子，花的颜色是不同的。主要有黄色、绿色、白色，有的配有红色、粉色等。因为竹子主要是靠风来传播花粉，不用鲜艳的花朵来吸引蜂蝶，所以花的颜色都不是特别鲜艳。

竹子的每朵花都有3个雄蕊和1个隐藏在花朵内的雌蕊，当雄蕊的花粉落到雌蕊的柱头上，就能形成种子。

可是你知道吗，想要竹子开花结籽实在太难了！

别看竹子的茎秆生长迅速，但大多数种类仅在生长12~120年后才开花结籽。更重要的是，竹一生只开花结籽一次！开花后的竹子就会渐渐变得枯黄。

这样看来，靠种子繁殖恐怕有点儿难度了。

的确，事实上，除了靠种子繁衍后代，竹子还有一项特殊的本领——通过地下匍匐的根茎生长出新竹子。

　　在地下，竹子的茎是横着生长的，茎上有节，在节上能生长出许多须根和芽。一部分小芽慢慢钻出地面，长成竹子。而另一部分小芽则不同，它们似乎对地面上的事物并不感兴趣，而是继续横着生长，发育成新的地下茎。

　　你现在知道竹子为什么都是成片成林地生长了吧！

竹

　　秋冬时节，当竹芽还没长出地面时，我们把它挖出来，可以食用，这就是我们常说的冬笋。

　　到了春天，一场透雨过后，春笋就会快速地长出地面。

　　竹子与梅、兰、菊并称为四君子，因其挺拔、修长、四季青翠，备受人们的喜爱。中国的文人墨客把竹子的空心、挺直赋予高雅、纯洁、刚直等精神文化象征。人们吟竹、颂竹，还把竹子做成乐器。我国清代的郑板桥更是以画竹而天下闻名。

18 三大谷物之一的小麦

　　1857年，法国艺术家米勒绘制了一幅名画《拾穗人》。画面中，三个裹着头巾的女人正弯着腰，将收割时掉落在地上的麦穗一粒一粒捡起来。每一粒小麦对她们来说都十分珍贵，因为这是她们赖以生存的粮食。

拾穗人

　　小麦也是我们最爱吃的面包、馒头、比萨、饼干、蛋糕等很多美食的原材料。在满足味蕾的同时，一起来认识一下小麦吧！

　　小麦，单子叶植物，禾本科。乍看上去，和一般的蒿草没什么两样，高度在60~100厘米，麦秆是一节一节的，折断之后，你会发现里面是空心的。叶子是披针形，麦穗两侧扁平。它的花特别有趣，开放时间只有5~30分钟，被大家称为"世界上寿命最短的花"。麦粒，又称为"颖果"，磨成面粉之后，就可以制作成很多你想吃的食物了。

小麦

　　《本草拾遗》中写道："小麦面，补虚，实人肤体，厚肠胃，强气力。"

　　每一颗麦粒都是一个紧实的食物存储器，里面含有丰富的淀粉、蛋白质、矿物质和维生素。想不到吧？就是这小小的一颗麦粒，里面却充满了供养全世界的能量！

　　小麦如此健康又营养，自然少不了人们的厚爱。

　　目前，小麦的种植范围非常广泛，几乎遍布全世界。我们设想一下，如果没有小麦，也就没有我们爱吃的包子、饺子、

烧卖等传统美食了。

那么，小麦是从什么时候开始供给人类食物的呢?

最初，人们是在古埃及的石刻中发现了关于栽培小麦的记载，考古学家们由此正式宣布，一万多年前，人类就已经开始把小麦当作食物啦!

在中亚广大地区的史前原始社会居民点上，人们曾发现有许多残留的包括野生和栽培的小麦小穗、籽粒、炭化麦粒、麦穗和麦粒在硬泥上的印痕。其后，小麦从西亚传入欧洲和非洲，并向印度、阿富汗、中国传播。

小麦真正在中国内地出土，要追溯到3000多年前的商中期或晚期了。最早，研究人员在河姆渡流域附近发现了小麦遗址。后来，又在新疆的孔雀河流域，也就是人们常说的楼兰的小河墓地发现了4000年前的炭化小麦。

一直到汉代以后，小麦才开始在中原地区种植。

到了明代，小麦的种植已经遍布全国了，但是因为人口分布不均，所以小麦的种植也很不均衡。据《天工开物》记载，北方齐、鲁、燕、秦、晋、豫，"民粒食小麦居半"，而南方闽、浙、吴、楚之地，"种小麦者二十分而一"。

按照播种时间的不同，小麦可以分为冬小麦和春小麦两种。冬小麦的抗寒能力极强，哪怕是已经长成幼苗，也一样能抵抗冬天的寒冷。春小麦呢，恰恰相反，它抗旱能力极强，生长期很短，主要是在春天里播种。

小麦是三大谷物之一，它的籽粒可以磨成面粉，也可以发酵后制成酒供人饮用，皮可以用来做饲料，麦秆可以用于编织。

不得不说，小麦对人类的生产生活起着至关重要的作用。

19 世界三大作物之一——水稻

　　水稻作为世界三大作物之一，种类实在太多了，绝大多数水稻都是生长在沿海平原、潮汐三角洲和河流盆地的淹水地。水稻，也正因此而得名。但也不是所有的水稻都是长在水里的，有一种旱稻就是生长在旱土里。目前科学家们已经研发出了14万种以上的水稻，至于还有多少品种，真的是很难估算了。

　　对于水稻的起源，直至今天大家也是众说纷纭。有的说起源于印度，有的说起源于喜马拉雅山东南，有的说起源于我国华南，还有的说起源于淮河及长江中下游。水稻的故乡还真是不少呢！

　　但不管起源于哪儿，水稻的种植方法基本上是一致的。

　　农民们首先要选出最肥硕饱满的稻种。他们把种子泡在水里，那些漂浮在水面上的，就是籽粒还不够饱满的，自然被淘汰掉，剩下的就会被培育成稻苗。经过4个星期的培育，稻苗就长高了，农民们再把稻苗栽种到室外的水稻田里。这时候的室外已经非常温暖了，水稻的生长速度也非常快，只需要90~260

天就能走完发芽、开花、结果的整个过程！这还不算，在气候温暖的地带，水稻一年能种三期呢！

我们在水田里种植的水稻称为栽培稻，稻秆能长到0.5~1.5米，这是由野生稻种经过人们上万年的栽培、驯化、筛选后产生的物种。

幼苗时，水稻的叶子和杂草非常相似，农民们是如何辨别的呢？在稻叶上有两样神器——叶耳和叶舌，靠它们，就可以轻松地分辨出谁是稻、谁是草。这样一来，农民们除草可就方便多了！

稻子的根长得十分奇特，看上去像老爷爷的胡须，又细又短又多，它们可以把稻苗固定在水里，而不会轻易被移动。

水稻

水稻和很多被子植物一样，也会开花。但是，稻花并没有花瓣，所以很难看到雄蕊和雌蕊。微风一吹，稻子左右摇摆，雄蕊上的花粉就会落到雌蕊上，与子房中的胚珠结合在一起，渐渐发育成胚芽。一株稻穗一次能开200~300朵稻花，而一朵稻花就会形成一粒稻谷。

稻谷

从稻谷到大米可是有一段路要走呢！稻谷的外面包裹着一层硬硬的壳，叫稻壳。稻壳里面是糠层，糠层的里面才是胚和胚乳。所以，稻谷要先脱去稻壳才能得到糙米，糙米再碾去米糠层才能得到大米。大米可以食用，还可以用来酿酒，稻壳和稻秆可以作为饲料喂给牲畜。从一株幼苗，到一粒大米，你是不是也体会到了"粒粒皆辛苦"？

世界上有一半的人口都是以大米为主食的，而大米的产量又实在有限，人们会不会因此挨饿呢？别担心，我们有"世界杂交水稻之父"呀！他，就是我们的育种专家袁隆平。

1974年，袁隆平成功地用科学方法培育出了世界上首例杂交水稻，使水稻的产量大幅增加。截至2019年，中国杂交水稻种植面积已超过1333万公顷，占水稻种植面积的51%，产量约占水稻总产量的58%，取得了巨大的经济效益和社会效益。

20 远道而来的玉米

玉米的发源地在墨西哥和中美洲，考古学家在这里发现了野生玉米，认为早在一万多年前玉米就已出现！

五颜六色的玉米

玉米文化历史悠久，墨西哥人对玉米更是像神一样地崇拜。他们想尽办法把玉米的种植和加工技术发挥到极致，白色玉米、黄色玉米、深蓝色玉米、墨绿色玉米、紫红色玉米，在墨西哥应有尽有。更让人意想不到的是——他们还发明出了红、蓝、绿、白、黄间杂排列的五彩玉米,真是太神奇了!如果有机会,真想尝一尝这彩色玉米的味道。

从地图上看,美洲与中国隔着一片汪洋大海,那么,玉米是什么时候、怎么传入中国的呢?

这个问题恐怕很难立刻告诉你答案了,因为这个问题现在还存在很多争论。有一种有趣的说法认为,玉米传入我国可能比哥伦布发现新大陆还要早,至少在公元1476年以前。

真是这样吗?很多学者并不赞同。他们认为玉米最早应该是在嘉靖年间传入我国的。《平凉府志》中有关于玉米的记载:"番麦(玉米)一曰西天麦,苗叶如蜀秫(高粱)而肥短,末有穗如稻而非实。实如塔,如桐子大,生节间,花垂红绒在塔末。长五六寸,三月种,八月收。"如果真是这样,玉米在我国就已经有近500年的历史了。

至于玉米是如何从美洲远征到我国的,学者们在地图上画出了三条路线。第一条,先从欧洲传到南亚,再从南亚引种到我国的西南地区;第二条,先从西班牙传到西亚,再从西亚引种到我国西北地区;第三条,先从欧洲传到东南亚,然后经过海路引种到我国东南沿海地区。海路似乎不太现实,所以玉米从西南陆路传入中国的可能性最大。

玉米是一年生草本植物,喜欢高温,在疏松肥沃的土壤里,植株能长得很粗壮,近似于圆筒形,高1~4.5米。除了胚根之外,它还会从茎节上长出节根来。叶片扁平宽大,线状披针形,边缘呈波浪形。玉米是雌雄同株植物,其中雄花生于植株的顶端,是圆锥花序。开花授粉之后,玉米就会结果。

玉米

根据果实的籽粒形状及胚乳性质，可以将玉米分成9个类型：硬粒型、马齿型、粉质型、甜质型、甜粉型、爆裂型、蜡质型、有稃型、半马齿型。

说到玉米的味道，你一定不陌生——香甜软糯。玉米不但口感好，还含有丰富的蛋白质、脂肪、维生素等人体所需的营养，玉米中的维生素 B_6 和烟酸能够刺激胃肠蠕动，因此玉米是粗粮中的保健佳品，被人们誉为"长寿食品"。人们喜爱玉米，用它制作出各种各样的美食。

2017年，我国玉米播种面积已经达到4240万公顷，超过水稻和小麦，位居三大主粮作物之首。同时，它还是全世界总产量最高的农作物，到目前为止，世界各地都在大范围种植玉米，其中北美洲和中美洲的玉米种植面积最大。

人们都说，欧洲文明是小麦文明，亚洲文明是稻米文明，拉丁美洲则是玉米文明。看来，这话一点儿也不假呀！

21 棉花是上海市的老市花

炎热的夏季，穿上一件纯棉T恤会觉得特别舒适，因为纯棉的衣物既吸汗又柔软——这是棉花的功劳。

棉花

棉花喜欢温暖的气候，肥沃的土壤，充足的降雨量。如果能满足它所有的要求，棉花会给你带来意外的惊喜——它会长成一棵高大的棉花树！可事实上呢，要想同时满足这些条件谈

何容易。所以，棉花的生长能力也会变弱，一般只长到2米左右，被认定为一年生植物。

棉花到了采摘期，就是棉农们最忙碌的日子。无论你种了多少棉花，必须在40天内全部摘完，否则，那些淘气的棉桃会毫不客气地跳到地上，让你损失惨重。

不过，棉花最初的样子还是比较乖巧的。它和其他植物一样，先开花后结果。

棉花开出的花是乳白色的，开花后不久，花朵会渐渐枯萎，变成深红色。花朵凋谢之后，你会看到枝条上留下一个一个绿色的小型蒴果。这些像小铃铛一样的家伙被称为"棉铃"，棉铃里面是棉籽，也就是棉花的种子。棉籽上的茸毛将棉铃塞得满满的。自然成熟后，棉铃会像豆子一样自动绽开，然后露出柔软的纤维来。

棉铃

但是，可不是所有的棉花都长一个模样哦！

按照棉花纤维的粗细长短，棉花可以分成三类。品质最好的棉花，纤维细长，最长可以达到6.5厘米，像海岛棉、埃及棉都属于这一类型；品质一般的棉花，长度在1.3~3.3厘米，例如美国陆地棉就属于这一种类；品质最差的，是纤维较粗短的棉花，长度在1~2.5厘米，这类质量较低的棉花，多用来制造价格低廉的织物，或者用来与其他纤维混纺。

当棉花还没有传入中国时，我们的棉花是十分匮乏的，仅有的一点木棉被拿来填充枕褥。棉花最迟是在南北朝时期传入中国的，当时多是种植在边疆地区。有记载说："宋元之间始传种于中国，关陕闽广首获其利，盖此物出外夷，闽广通海舶，关陕通西域故也。"由此可见，直到宋末元初，棉花才开始大量地传入内地。

棉花全身上下都是宝。从轻盈透明的巴里纱到厚平绒，从精美的服饰到工业用布，到处都离不开棉花。它既是重要的纤维作物，又是重要的油料作物，还是含有高蛋白的粮食作物。

春天，当上海人忙着欣赏白玉兰的美时，却很少有人知道上海的市花曾经是棉花。据《上海园林志》记载，民国十六年（1927），有人提出上海应该有属于自己的市花，可是用什么花好呢？一时间，莲花、月季、棉花、牡丹、桂花统统被列上名单。万万没想到的是，棉花最终以5496票位列第一，由此，棉花便成为上海市市花。

尽管棉花没有玫瑰那么浪漫，也没有牡丹那么名贵，但它却是上海地区最主要的农作物，一直享有"松郡棉布，衣被天下"的美誉。

22 少有人知的辣椒辣度

最近几年，川菜不知不觉成为我们点菜时的首选。我们都知道，它最大的特点就是辣，吃川菜，要是不辣得嘴巴发烧、汗泪直流，好像就一点儿也不过瘾。

事实上，我们的味蕾压根儿就没有感受辣的区域。吃辣椒时，辣椒里的辣椒素会刺激到我们的神经末梢，让人产生一种强烈的灼烧感。这时，大脑会误以为我们的身体受伤了，于是会迅速释放一种叫作"内啡肽"的物质。内啡肽是一种天然的止痛剂，既能够缓解我们身体上的痛苦，又能让人感到轻松兴奋，继而产生快感。这就是人们吃辣椒越吃越爽，越吃越想吃的原因。

我们常见的辣椒，是茄科一年生草本植物，但是在热带，却是多年生的灌木。植株高40~80厘米，叶片是卵形或卵状披针形。辣椒的花有两种，一种是白色的，一种是紫色的。还没有成熟的辣椒是一水的绿色；成熟之后可就不一样了，有的变成了红色，有的变成了橙黄色，还有的变成了紫色……把辣椒掰开，你会看到里面是淡黄色的辣椒种子。

现在，辣椒随处可见，想吃就吃。可是，辣椒本来并不产于中国。它的原产地在南美洲的热带地区，一直到了15世纪末，在哥伦布发现美洲之后，辣椒才被带回欧洲。

史学家们翻遍了明代李时珍的《本草纲目》，也没找到一丁点儿有关辣椒的信息。不过，在明朝《草花谱》中有这样的记载：最初吃辣椒的中国人都在长江下游，即所谓"下江人"。下江人尝试辣椒之时，四川人尚不知辣椒为何物。

可见，辣椒是在明末才从美洲传入中国的！当时，辣椒还不叫辣椒，而是叫"番椒"，只是用来观赏。到了清代嘉庆以后，人们才开始"无椒芥不下箸也，汤则多有之"。

辣椒

我们通常将辣椒的味道称为"辣味"，而且有不少人对这种"辣味"无比喜爱。辣椒到底有多辣？好像没有人能够说清楚，其实，这辣味也是有等级的。

1912年，美国科学家韦伯·史高维尔第一次指定了评判辣椒辣度的单位。他将辣椒磨碎后，不停地用糖水进行稀释，一直到尝不出辣味为止，这时的稀释倍数就代表了辣椒的辣度。为纪念史高维尔，将这个辣度单位命名为"史高维尔指标"。

在我们的印象里，朝天椒的辣度已经使很多人难以接受了，可是它的辣度只有3万单位哦！我们一起来看看那些荣登辣味榜的家伙们到底有多辣！黄魔鬼辣椒：75万度；中南美洲巧克力魔鬼辣椒：92万度；印度魔鬼辣椒：101万度；千里达辣椒：148万度；阴阳毒蝎王鬼辣椒：166万度。怎么样，是不是很恐怖呢？

适当吃辣椒，对身体有一定的好处，辣椒中维生素C的含量在蔬菜中居第一位，辣椒具有杀菌、防腐、调味的作用，还有温胃驱寒的功效。

但是，吃辣椒可不是一件逞能的事，太辣的话会危害人体健康。如果你不小心被辣椒辣到了，喝点牛奶能较有效地缓解。

尖椒

23 番茄曾是吓人的"狼桃"

番茄，也就是我们常说的西红柿。又大又圆的西红柿，咬一口，鲜美多汁，让人不得不爱。

人类最初是在南美洲的秘鲁和墨西哥发现番茄的。最初发现番茄的时候，因为其色彩娇艳，又是长在森林里的野生果，所以人们都把它当成毒果子，管它叫"狼桃"，没有人敢吃它。

那么，人类是从什么时候开始食用番茄的呢？这要从一个有趣的故事说起。

据记载，在16世纪，英国的俄罗达拉公爵在南美洲旅游时非常喜爱番茄，于是带了几个回去，作为礼物献给了伊丽莎白女王。女王欣喜不已，直接把番茄种在了庄园里。就这样过了一代又一代，人们只是远远地观赏，始终没有人敢尝一口。

到了17世纪，有一位法国画家实在抵挡不住番茄这样美丽可爱的浆果，于是他冒着生命危险尝了一个——酸酸的、甜甜的，味道还不错。他在床上躺了好久，结果一点事儿也没有！于是，"番茄没毒，还超级好吃"的消息遍布了全世界。

到了18世纪，意大利厨师更是用番茄制作出了各种各样的

67

菜肴。番茄终于登上了餐桌，但是当时中国人还没有这个口福！它是明朝时才从欧洲或东南亚传入中国的。清代汪灏在《广群芳谱》的果谱附录中有记载："一名六月柿，茎似蒿。高四五尺，叶似艾，花似榴，一枝结五实或三四实……草本也，来自西番，故名。"

番茄

当时，由于番茄看上去和柿子很像，所以我们称它为"番柿"。那么，它们到底有没有亲缘关系呢？其实番茄和辣椒一样，属于茄科，而柿子属于柿科。这完全就是两家人嘛！

番茄是一年生草本植物，植株不高，0.6~2米高，因为枝杈较多，茎又细，所以秧苗很容易倒。叶片是羽状的，大小不等，边缘有不规则锯齿或裂片，开黄色小花3~7枚。番茄的果实为浆果，有扁圆的、圆的、樱桃状的，颜色有红色的、黄色的或粉红色的。

番茄不仅可以作为水果生吃，还可作为蔬菜炒着吃。那么，它到底是水果还是蔬菜?

番茄确实是植物的果实，还属于茄科，跟豆角、茄子一样，似乎应该属于蔬菜。

我们再来看看水果是怎么定义的：水果，是指多汁且主要味觉为甜味和酸味，可食用的植物果实。

番茄完全满足这几个条件，这样看来，似乎应该属于水果。咦，这就麻烦了！番茄到底是水果还是蔬菜? 傻傻分不清呀！

最后，植物分类学家们只能给出这样的答案——番茄虽然可以生吃，但我们通常情况下还是炒熟了吃，于是断定番茄是蔬菜，而不是水果。

番茄

不管怎么吃，番茄都是营养丰富、酸甜可口的美食。营养学家研究测定，如果每人每天吃50~100克新鲜的番茄，就可以满足人体对几种维生素和矿物质的需要。另外，番茄还有助消化、抑制细菌的作用，是蔬菜中不可多得的宝贝！

24 神药枸杞

4000多年前，在殷商的文化中，就有了关于枸杞的记载。在古人眼里，枸杞简直就是神一般的存在。古人认为，枸杞是可以留住青春、延年益寿的珍宝，甚至有人还称枸杞的花为"长寿花"，称它的枝条为"仙人杖"。这么一看，枸杞简直就是现实版的"唐僧肉"呀！枸杞真的有这么灵验吗？

先看一个故事再说！传说盛唐时候，有一天丝绸之路来了一群西域的商人，天色晚了，打算在客栈住宿。这时，见到一个女子正在严厉地斥责一个老人家。商人们不解，上前想要问个究竟。结果那女子很不高兴，毫不客气地反问道："我在教训自己的孙子，和你们有什么关系？"在场的所有人都大吃一惊！原来那个女子足足有200多岁！至于为什么要责备那个老人家，女子说是因为他不遵守族规，不按时服用草药，弄得自己未老先衰，老眼昏花！事实上，那老人家也90多岁高龄了。商人们佩服不已，赶紧向女子讨教高寿的秘诀，那女子只说——四季服用枸杞。

后来，枸杞传入中东和西方，一直被大家誉为"东方神草"。当然，这神草肯定没有故事中说得那么神。

在我国的传统医学上，枸杞，以果实（也就是枸杞子）和根皮（又叫地骨皮）入药。枸杞子，性平、味甘，有补肾益精、养肝明目的功效。地骨皮，有清虚热、凉血的功效，对虚劳发热、盗汗、咳血等病症有良好的效果。

枸杞

这样看来，枸杞的确是强身健体、益寿延年的滋补佳品。但是，绝不像故事中说的那么神乎其神。200岁，以我们目前的科技水平，只能想想了。

明代李时珍曾经这样描述枸杞："枸杞，二树名。此物棘如枸之刺，茎如杞之条，故兼名之。"这也正是枸杞名字的由来，它最早出现于2000多年前的《诗经》。

枸杞，是多年生落叶灌木，植株可高达2米，多分枝，枝条细长，弓状弯曲，常带刺。叶子淡绿色，是卵状披针形或卵状椭圆形；它的花是紫色漏斗状的，花冠5裂；浆果是卵圆形，也就是颜色艳丽的枸杞子。

枸杞

枸杞是耐性极强的植物，一方面，它的耐寒能力很强。它的种子在7℃左右时就能萌发；幼苗能够抵抗－3℃低温；哪怕是在－25℃的寒冬，枸杞也一点儿不会冻坏。另一方面，枸杞的耐旱能力极强，它的根系特别发达，即使是在干旱的荒漠上，也能健康生长。

不过话说回来，要想获得好的收益，自然是要提供给枸杞最优越的自然条件。在阳光充足、土地肥沃、雨量充沛的情况下，枸杞能长得十分健壮，花果也比平时多，而且果粒大，产量高，品质好。

枸杞在中国的栽培面积很大，主要分布在甘肃、宁夏、青海、陕西等西北地区。而且由于土壤和气候不同，各地区产的枸杞子又参差不齐。要想仔细辨别优劣，恐怕得在颜色、形状、气味、口味上下功夫了！

㉕ 苹果红得不得了

苹果甜脆可口，模样可爱，它诱惑了夏娃，砸到了牛顿，毒死了白雪公主，还成了数码界的宠儿！

这么重量级的人物，我们必须得认识认识它了。

苹果

苹果是蔷薇科植物，落叶乔木。它的植株能长到15米高，树干是灰褐色的，仔细看，还有很多绽开甚至剥落的老皮。它

73

的叶片是椭圆形或卵形的，暗绿色，边缘有锯齿。苹果的花很漂亮，白色中带着红晕，每年的4~6月开放，7~11月苹果成熟。

苹果花

　　苹果不仅好吃，名字也好听。不过，它可不是生来就有这么动听的名字的。

　　翻开字典，找到"苹果"这个词，你会发现，它源于梵语，是古印度佛经中所说的一种水果，最早被称为"频婆"。被汉语借用后，就有了"平波""苹婆"的写法。

　　明朝万历年间的农书《群芳谱·果谱》中有这样的记载："苹果，出北地，燕赵者尤佳。接用林檎体。树身耸直，叶青，似林檎而大，果如梨而圆滑。生青，熟则半红半白，或全红，光洁可爱玩，香闻数步。味甘松，未熟者食如棉絮，过熟又沙烂不堪食，惟八九分熟者最美。"这是汉语中最早使用"苹果"一词。

　　中国许多农学史、果树史专家认为，和梨、桃、李子不同，苹果的老家并不在中国，而是原产于欧洲和中亚细亚。

　　在公元前300年的欧洲，就已经有了关于苹果品种的记载，后来罗马人开始栽培和嫁接。他们栽种苹果，并不是直接从树上摘来吃，而是用来制酒。直到16世纪以后，英国人对苹果进行了改进，这才出现了可以生吃的苹果。经过不断筛选，又培育出了一批优良的生食品种。到了19世纪，欧洲和世界各地都开始引种它了。

　　在中国，苹果已经有2000多年的栽培历史了。在古代，许多中国土生土长的苹果属植物被称为"柰"或"林檎"。"柰"和"林檎"又是啥？《食性本草》中介绍："林檎有三种，大长者为柰，圆者林檎，小者味涩为楙。"说白了，柰就是指我国的苹果，林檎就是现在的沙果。

　　人们爱吃苹果，甚至送它"智慧果""记忆果"的美称。这和苹果的营养丰富是分不开的。苹果不仅含有丰富的糖、维生素和矿物质等大脑必需的营养，而且它的含锌量比其他水果都高。锌是促进人体生长发育的关键元素，还是构成与记忆力相关的核酸与蛋白质必不可少的元素。由此，人们公认苹果是营养程度最高的健康水果之一！

　　另外，苹果的热量很低，每100克产生52千卡热量，所以吃苹果不易使人发胖，常吃还能使人皮肤润滑柔嫩。

　　苹果在人们心目中的地位从古至今都是不可动摇的。法国著名画家保罗·塞尚的作品《苹果》，在纽约以4160.5万美元成功拍卖，这恐怕是世界上最昂贵的苹果了吧！这还不算，1997年法国银行还发行了一批本国货币，苹果直接登上了货币的舞台！

　　苹果，从艺术圈火到了科学界啊！

26 天下第一果——桃

桃是神仙们的最爱。为什么这么说呢？传说，吃了头等大桃，可"与天地同寿，与日月同庚"；吃了二等中桃，可"霞举飞升，长生不老"；吃了三等小桃子，也可以"成仙得道，体健身轻"。

这不正是神仙们的毕生追求嘛！在《西游记》里，王母娘娘做寿时，设蟠桃盛会来招待群仙；齐天大圣孙悟空和他的子孙们更是以桃为主食。

尽管这些都是出现在神话或传说中，但也说明了桃在水果中的地位，还是一起来认识一下现实中的桃吧。

桃，蔷薇科桃属植物，是落叶小乔木，植株高3~8米。树皮是暗红褐色，随着年龄的增长，会变得粗糙，像鳞片一样。桃树的小枝细长，绿色有光泽，向阳的地方会渐渐变成红色。枝条上有许多节，每个节上有时单生一个花芽，有时并生两个以上的花芽和叶芽。其中，每个花芽只生出一朵花。叶片是长圆披针形、椭圆披针形或倒卵状披针形，长7~15厘米，宽2~3.5厘米。

桃

　　桃花单生。早春时节，在叶片展开之前，桃花就已经迫不及待地开放了。花色主要有淡粉色、深粉色、红色，有时还会呈现白色。果实的颜色会从淡绿白色变为橙黄色，在太阳照射的一面，还会有红晕。每年的8~9月，桃子渐渐成熟。掰开，果肉多是白色或黄色，咬一口，多汁有香味，酸甜可口，被称为"天下第一果"。

　　桃原产自中国。但是，在过去相当长的一段时间里，一些西方学者根据语言学的推理，做出了"桃树起源于波斯并从那里传播到欧洲去"的猜想。他们还给桃子起名叫"波斯果"。著名的植物学家第康道尔（A.De-Candolle）经过认真考证，在他的《农艺植物考源》一书中指出："中国之有桃树，其时代数希腊、罗马及梵语民族之有桃犹早千年以上。"近代，中国考古学家在河北藁城县台西村商代遗址中发掘出两枚桃核和六枚桃仁，它们外形完整，经鉴定，和今天栽培的桃完全相同。这一重大发现再一次证明，中国就是桃树的起源地，而且人们利用

77

和种植桃树已经有悠久的历史了。

　　桃可分为观赏桃和食用桃两大类。观赏桃，主要是观赏桃花的美。桃红、嫣红、粉红、银红、殷红、紫红、橙红、朱红……各色桃花赏心悦目。食用桃，吃果肉。唐代医学家孙思邈称桃为"肺之果"，说"肺病宜食之"。这是因为桃的果肉中含有丰富的蛋白质、脂肪、糖、钙等物质，对慢性支气管炎、支气管扩张症、肺纤维化等引起的干咳、发热、盗汗等症状有很好的缓解作用。

桃

　　在中国传统文化中，桃具有多种象征意义。首先，桃的"子繁而易植"寓意多子多福。其次，受"万物有灵"观念的影响，人们还赋予桃镇鬼避邪的作用。早在先秦时代的古籍中，就有桃木能避邪的记载，一切妖魔鬼怪见了都逃之夭夭。再次，桃的养生功能让人们意识到桃具有长寿的象征意义。你看年画上的老寿星们，手里永远拿着桃——人们称之为寿桃！桃的这些象征意义就通过民俗活动一代一代传承了下来。

27 望"梅"能止渴

"若作和羹，尔惟盐梅。"据《尚书·说命》记载，使商朝武丁中兴的殷高宗任命傅说做宰相时，曾这样鼓励他。意思就是希望傅说能像做菜时离不开的盐和梅一样，成为国家最需要的人才。

咦，这是怎么回事？盐和梅貌似是八竿子打不着的关系吧？

其实不然，我们都知道，盐是生活中的必需品，但是梅也不是攀高枝。在古代，盐和梅都是厨房里必不可少的调味品。这样看来，我们还真是低估了梅的重要性呢！

梅子是蔷薇科乔木植物梅的果实。它具有果大、核小、皮薄、肉厚的特点。果肉里汁多、酸度高，富含人体所需的多种氨基酸，具有酸中带甜的香味，被誉为"凉果之王""天然绿色保健食品"。

梅子的名称很有意思，人们根据做梅子的不同时期，给它起了不一样的名字。比方说，初夏时节，将成熟的绿果采摘回来，用清水洗净，这个时候称之为"青梅"；用盐腌制、晒干，这个时候称之为"白梅"；用小火炕把梅子烘干，使其变成黄褐

色、表皮起皱，再用锅焖至黑色备用，这个时候称其为"乌梅"。

研究完果子，我们再来了解一下植物本身。

梅，小乔木，植株一般高4~10米，树皮是平滑的浅灰色或灰中带绿，枝条光滑。叶片是卵形或椭圆形，长4~8厘米，宽2~5厘米，边缘常常具有小的尖锐的锯齿。刚刚长出来的叶片非常可爱，表面分布着短短的茸毛，摸上去软软的，等叶片长大后，这些细软的茸毛就脱落了。

梅树

梅的花是单生，偶尔也会看到在一个芽内生出两朵花来。梅的花是急性子，在叶子伸展之前，就已经绽放了，花香四溢，令人陶醉。

每年的5~6月，是南方梅子成熟的季节，当然如果是在华北，那么果子的成熟期可能要延至7~8月了。圆滚滚的梅子成熟后，就从原来的绿白色变成了黄色，尝一口酸中带甜。

梅子

梅原产于我国南方，已有3000多年的栽培历史。它的品种很多，分为果梅和花梅，其花、叶、根和种仁都可以入药。果实熏制成乌梅入药，更是有止咳、止泻、生津、止渴的功效。

说到这儿，就不得不讲一下"望梅止渴"的故事了。

有一年夏天，曹操率领部队去讨伐敌人，天气热得出奇，到了中午，士兵们的衣服都湿透了，行军的速度自然就慢了下来，有几个体弱的士兵甚至直接晕倒在路边。

曹操心里很着急。他看了看前边的树林，沉思了一会儿，脑筋一转，嘿，办法来了。

他快速赶到队伍前面，用马鞭指着前方说："将士们，我知道前面有一大片梅林，那里的梅子又大又好吃，我们快点赶路，绕过这个山丘就到梅林了！想吃梅子的就向前冲啊！"

将士们一听说有梅子，嘴巴里瞬间就分泌出大量的口水来，于是精神大振，步伐不由得加快了许多。

成语"望梅止渴"就由此产生了，现在用来比喻用空想安慰自己或他人。

28 "菠萝"名字的一波三折

在这个世界上，总有一些东西让人傻傻分不清，比如猕猴桃和奇异果、酸奶和优格、菠萝和凤梨……

今天，我们就说说菠萝和凤梨。

有人说菠萝的叶子有刺，凤梨没有；菠萝削皮后有一个个的"黑眼"，凤梨也没有。还有人说甜的是凤梨，酸的就是菠萝。可是我要告诉你，在生物学上，凤梨根本就是菠萝！至于带刺和黑眼的问题，只是品种不同而已。

据《台湾府志》记载："果生于叶丛中，果皮似菠萝蜜而色黄，液甜而酸，因尖端有绿叶似凤尾，故名凤梨。"可见，凤梨这个名字，是台湾人民取的，与菠萝是同一种水果。

菠萝的茎很短，但是叶片很多，细长的剑形叶子莲座式排列，长40~90厘米，宽4~7厘米。叶子长得奇特，它的本领也大——每一颗菠萝的叶片，在基部都会形成一个能蓄水的叶筒。而菠萝生长所需要的水分，就是贮存在这自然形成的凹槽内，当水分不足时，要经常往叶筒内浇水，这样才能使菠萝茁壮成长。

菠萝是世界四大热带水果之一，原产于南美洲巴西、巴拉圭的亚马孙河流域一带，16世纪从巴西传入中国。

刚刚传入我国的时候，菠萝并不叫"菠萝"，而是叫"波罗蜜"。这和由印度、东南亚传进来的菠萝蜜不是一个名字吗？

菠萝

的确，从读音上看，两个名字是一样的，不过，见到两种水果时，你一定就不这样觉得了，两种热带水果的相貌差别实在很大，渐渐地人们也就分得清了。

清代道光年间，吴其濬在他所著的《植物名实图考》卷三十一中说："露兜子产广东，一名波罗……又名番娄子，形如兰，叶密长大，抽茎结子。其叶去皮存筋，即波罗麻布也。"可见，这个时候的美洲水果波罗蜜，已经被简化为波罗了。这恐怕是最早单独称其为波罗的记载。

"菠萝"一词大概最早出现于清代嘉庆年间高敬亭的《正音撮要》卷三中，但是里面对它的含义没有做任何的解释。从此

之后，"菠萝"一词在文人中间就用开了。

民国年间出版的《辞源》（正续编合订本）、《辞海》（修订本）中都有"波罗"词条，释义和现在非常接近。可见，民国时又把"菠萝"简化为"波罗"了。

就这样一直到新中国成立后，字典中才把"波罗"正式规范为"菠萝"。

"菠萝"能有今天这个名字，还真是一波三折呢！

不管怎么说，菠萝香味浓郁、甜酸可口，深受人们喜爱。但是在吃菠萝之前，一定要用盐水泡一下，这又是为什么呢?

菠萝

原来，在菠萝中有一种甙类物质和菠萝蛋白酶，它会分解人体内的蛋白质，对我们的口腔黏膜和嘴唇表皮产生刺激，使人有一种刺痛感。将菠萝在盐水中浸泡一会儿，就能把甙类物质泡出来，从而破坏"菠萝朊酶"的内部结构，使其失去对人体的刺激。

29　让人又爱又恨的芒果

　　在电影《前任3》中，女主角吃了一种水果后，因严重过敏直接被送进医院——她吃的就是芒果！可以毫不客气地说，芒果就是个两面派！

　　先来看看它的正面——芒果是典型的热带水果，世界第五大畅销水果之一，俗称热带果王。它的果肉具有极高的营养价值，含有大量的维生素C、胡萝卜素、多酚类等，这些物质可以止咳化痰、抗菌抗癌。不仅如此，芒果的果核和皮都可以入药，可以说芒果浑身都是宝。

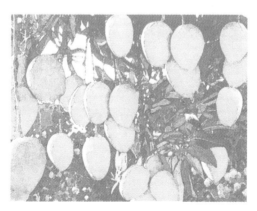

芒果

但是，千万不要盲目追求这位高高在上的果王，因为它有一个让人望而生畏的问题——过敏！

芒果过敏会怎么样？嘴唇肿胀，皮肤出现皮疹，口腔起泡，咽喉肿痛等，严重的还可能休克甚至是死亡。

芒果树，常绿大乔木，植株高10~20米；树皮呈灰褐色，小枝呈褐色。叶互生，通常为长圆形或长圆状披针形，长12~30厘米，宽3.5~6.5厘米。花朵很小，而且很密集，呈黄色或淡黄色，花瓣是长圆形或长圆状披针形，里面有3~5条棕褐色突起的脉纹，开花时向外卷起。结肾形果，成熟时外皮是黄色的，中果皮鲜黄色，味道甜美，里面有坚硬的果核。

芒果中所含有的营养成分令很多水果望尘莫及，尤其是胡萝卜素的成分特别高。人们还研究出各种各样的芒果吃法，制果汁、果酱、罐头以及芒果奶粉、蜜饯等。

芒果

这么好吃又营养丰富的水果，为什么会引起过敏反应呢？

这是因为芒果树属于漆树科，而漆树科正是重度过敏源！芒果中含有的果酸、致敏性蛋白等物质比较多，会对皮肤黏膜产生刺激从而引发过敏。除芒果之外，像腰果和槟榔青也属于漆树科，因此也富含各种致敏物质，很容易使人产生过敏反应，食用前要多加小心。第一次食用时，可以先小口品尝，半个小时后如果没有不良症状，才可以继续食用。

芒果真是让人又爱又恨呀！

可不管怎么说，芒果和人类的关系还是很友好的。在印度，芒果的栽培历史已经有4000多年了，人们热爱芒果，因此大范围地进行人工培育，如今世界范围内人工培育的芒果品种估计已经超过1000种！

从植物学角度，人们把芒果分成两大类：一种是单胚类型，一种是多胚类型。单胚，就是种子只有一个胚，播种后也只能长出一株苗来，像印度芒、中国的紫花芒、桂香芒都属于单胚类型。多胚，就是种子有多个胚，播种后能长出几株小苗，像泰国芒及海南省的土芒都属于多胚类型。

芒果在热带地区人们的心目中地位很高，几乎成为他们生活中的必需品之一。无论你什么时候去逛亚洲热带地区的水果市场，一定都能见到芒果的身影。印度的帕拉宏撒·尤迦南达甚至在他的《一个瑜伽行者的自传》中发出这样的感叹——如果印度没有芒果，不知道会是什么样子！

幸好芒果树一般可以长到200~300年，否则，热带地区的人们恐怕每年要"种树忙"了！

30 古今宠爱的荔枝

荔枝，南国四大果品之一。大暑前后，正是荔枝飘香之时，那白嫩的果肉，甜糯爽滑的口感，总是令人回味无穷。

荔枝

早在2100多年前，汉朝的司马相如在《上林赋》中就写道："隐夫薁棣，答沓离支。"这是关于荔枝最早的文献记载，意思是说，你看这个离支它又大又圆，肉又甜又嫩。这里的

"离支"，就是我们今天的"荔枝"。

明代李时珍在《本草纲目·果三·荔枝》里记载："按白居易云：若离本枝，一日色变，三日味变。则离支之名，又或取此义也。"也就是说，如果单独把水果摘下来，水果一天就会变色，三天就会变味；但是，如果连枝割下，水果就能保持原有的美味。古人不愿见"离枝"生情，于是大约自东汉开始，"离支"就改名为"荔枝"了。

荔枝

荔枝是无患子科荔枝属常绿乔木，植株一般高约10米，树皮呈灰黑色，小枝条呈褐红色。叶片是披针形或卵状披针形，长6~15厘米，宽2~4厘米。荔枝呈卵圆形，果皮有鳞斑状的突起，成熟时通常为暗红色或鲜红色，果肉是半透明凝脂状的。

荔枝的花长得很有意思，它的雌蕊是由两个心皮拼在一起组成的，每个心皮里都有一个子房，每个子房里都有一颗胚

珠，将来会发育成种子。

咦，这样看来，荔枝岂不都是"双胞胎"啦？原则上来说是这样的，但是在养分不足的自然条件下，荔枝之间也只能适者生存了。所以，在水果摊挑选荔枝的时候，如果你仔细观察，就会发现很多荔枝都是"双胞胎"。

从古至今，荔枝一直都深受人们的喜爱，并获得了众多文人墨客的赞美。白居易赞美荔枝肉"瓤肉莹白如冰雪，浆液甘酸如醴酪"，徐勃赞美荔枝壳"盈盈荷瓣风前落，片片桃花雨后娇"，还有人用"飞焰欲横天""红云几万重"来盛赞荔枝林。

在众多专著中，蔡襄的《荔枝谱》地位非凡。这部书籍是我国乃至世界上现存最早的关于荔枝的专著。"牡丹花之绝，而无甘实；荔枝果之绝，而非名花……二者惟不兼万物之美，故各得其精。"欧阳修在这本书的题跋中这样写道。

的确，荔枝色美味香，还有补脑健身、开胃益脾、促进食欲的功效，它理应得到这么多的赞美！但是，荔枝本身糖分含量很高，果肉又包裹在外壳里面，糖分在经过无氧呼吸之后，会产生酒精和二氧化碳，所以荔枝好吃，可不能贪多哦！

在中国福建莆田，有一棵唐朝时候栽的古荔枝树，叫"宋家香"，距今已经有1200多年了。这棵老树如今依然枝繁叶茂，果实累累。

1903年和1906年，美国传教士蒲鲁士曾先后两次从莆田运走树苗，在美国佛罗里达州试栽成功，并推广到美国南部各州及巴西、古巴等地。我们可以很骄傲地说，现在美国所种的荔枝，都是"宋家香"的子孙后代呢！

31 茶从唐代"茶"字来

喝茶，既解渴又提神；品茶，既休闲又清心。除了茶，恐怕再找不到什么饮品能给人们带来这么棒的感受了。

中国人热爱喝茶，在边疆高寒地区，有"宁可三日无食，不可一日无茶"的说法。

茶，是灌木或小乔木，树高一般在0.8~1.2米。但是，在热带地区可就不一样了，植株最高能长到30米左右，而且树龄可以高达百年甚至上千年呢！

茶苗

茶树的叶是长圆形或椭圆形的，边缘有锯齿。花白色，有5~6片阔卵形的花瓣，每年的10月到第二年2月开花。

我们平时喝的茶叶，是茶树新梢上摘取下来的芽叶，喝上一口茶，细细品味，有点儿苦。这是因为，茶叶中的多酚类物质主要是儿茶素，儿茶素中有70%是酯型儿茶素，正是它的存在，注定了茶叶有苦涩的味道。但是，这丝毫不影响茶叶怡神醒脑的作用，更重要的是，从古至今，茶深得历代文人墨客们的喜爱。

当代著名作家叶君健说："中国人的生活，除柴、米、油、盐、酱、醋以外，还必须有茶。"可见，茶在人们心目中有着重要的位置。

文人七件宝——琴、棋、书、画、诗、酒、茶。他们饮茶、颂茶、画茶、赞美茶！

南宋著名爱国诗人陆游有茶诗情结，在所有诗人当中，他是突出的一个。毫不夸张地说，他对江南的茶叶几乎到了痴迷的境界。他甚至还自比诗中陆羽，说："我是江南桑苎（陆羽，号桑苎翁）家，汲泉闲品故园茶。"

陆羽是谁？既然是讲茶，不介绍陆羽是说不过去的。

陆羽，唐代著名的茶学家，被后世誉为"茶仙"，尊为"茶圣"，精于茶道，一生嗜茶。陆羽之所以有这样的名号，是因为他写了著名的《茶经》。

《茶经》是中国乃至世界现存最早、最完整、最全面地介绍茶的一部专著。关于茶叶生产的历史、源流、现状、生产技术以及饮茶技艺、茶道原理等应有尽有。《茶经》堪称"茶叶百科全书"，推动了中国茶文化的发展。

　　茶原产于中国，但是要想弄清楚中国人饮茶的起源，那可有点儿难度了。有的人认为起源于上古时期，有的人认为起源于周朝。造成众说纷纭的主要原因是，在唐代以前根本就没有"茶"这个字！不过，有一个字倒是和"茶"字很像，它就是"荼"。就这样一直到了唐代，陆羽才将"荼"字的一横删掉，写成了"茶"，因此很多人认为，茶起源于唐代。

　　根据陈宗懋主编的《中国茶经》的分类法，茶可以分为绿茶、红茶、乌龙茶、白茶、黄茶、黑茶。

茶园

　　最初，茶的主要功效就是药用，据《神农本草经》记载："神农尝百草，日遇七十二毒，得荼（也就是茶）而解之。"但是现在，人们主要把茶当作一种健康的饮品，常喝茶能够抗氧化、抗炎，降低心血管病发病的概率。

32 世界三大饮料之一——咖啡

不知道从什么时候起，在世界各地，人们越来越爱喝咖啡了。这么说吧，它已然成为优雅、时尚的标志，处处彰显着现代生活的品位。

冲一杯咖啡对很多人来说都是一种味觉享受

咖啡，被人们列为世界三大饮料（咖啡、茶叶、可可）之一，这个名字最初来源于它的故乡——埃塞俄比亚。时至今日，这个国家西南部咖法省的茂密丛林中，还生长着大片的野生咖啡林，"咖啡"一词，也就是来源于"咖法"这个地名。但是，从产量上来看，咖啡的故乡却不是最高的。尽管咖啡的种植已经遍及全世界，但是"咖啡王国"只有一个，那就是巴西。

咖啡树是茜草科的灌木或小乔木，叶对生，长卵形。每年的3月，枝条上就会冒出洁白的花朵，花瓣呈螺旋状排列，很像我们小时候玩的风车，闭上眼睛闻一下，有一股茉莉花的清香。花朵绽放的时间很短，大约在两三天后就会凋谢，几个月后，树上就会结出果实来。果实看上去和樱桃很像，是椭圆形的浆果，从最初的绿色一点一点变黄，最终变成深红色。每个果子里面都藏着两粒种子，这就是我们熟悉的咖啡豆。

传说公元前500年的一天，一个埃塞俄比亚的牧羊人把羊群赶到一个陌生的地方放牧。羊群吃了一种树上的小红果，结果傍晚归来后，精神抖擞，活蹦乱跳。牧羊人感到十分好奇，于是就采摘了一些小红果反复咀嚼品尝。你猜怎么着？牧羊人也感到精神无比兴奋，甚至想跟随着羊群手舞足蹈。就这样，小红果的神奇作用很快传开了。这个小红果就是咖啡豆。

最初，当地人采摘咖啡豆，磨碎，再把它与动物脂肪掺在一起揉捏，做成许多球状的丸子。在他们眼里，咖啡丸子十分珍贵，只能供给那些将要出征的战士们享用。直到11世纪左右，人们才开始用水煮咖啡作为饮料。

很多人喝过咖啡之后，都会出现不同程度的失眠现象。那么，为什么咖啡能使人兴奋呢？

这是因为人体内有一种叫作腺苷酸的传导物质，它能够抑制神经活动，让我们产生困意，而咖啡碱的化学结构与腺苷酸类似，喝咖啡时，我们体内以为腺苷酸的作用已经发生，从而让你感到精力充沛。不过不必担心，这种咖啡碱造成的只是短暂的清醒，过不了多久，就会恢复正常。

咖啡豆和咖啡

按照品种分类，咖啡主要有小粒种、中粒种和大粒种。小粒种含有的咖啡碱成分很低，香味很浓；但是中粒种和大粒种咖啡碱含量就很高，香味要差一些。平时我们喝的咖啡大多是小粒种和中粒种按不同的比例配制而成的。

咖啡中含有咖啡碱、蛋白质、粗脂肪、粗纤维和蔗糖等九种营养成分，有兴奋神经、驱除疲劳的作用。在医学上，咖啡碱可用来作麻醉剂、兴奋剂、强心剂，还可以帮助人体消化，促进新陈代谢。

33 可可到巧克力的距离

"人生就像一盒巧克力，你永远不知道下一颗是什么味道。"这是电影《阿甘正传》里最广为流传的一句话。

相信爱吃巧克力的人一定不少，可是你有没有想过，第一颗巧克力是如何诞生的呢？

巧克力，其主要原料为原产于中美洲热带雨林中野生可可树的果实——可可豆。

可可豆

早在1300多年前，聪明的印第安人就想到用焙炒的方法，把可可豆做成了一种饮料。可是，炒过的可可豆中含50%以上的油脂，喝起来实在太油腻了。于是人们又把面粉和其他淀粉物质加到饮料中，这样一来，可可豆饮料就好喝多了。

到了16世纪，来自西班牙的探险家在墨西哥发现了这种神奇的饮料，好奇的探险家尝了一口，又香又浓！于是，他毫不犹豫地将这种饮品带回了西班牙，并在小岛上种植了可可树。

收获了可可豆之后，西班牙人又创造出了新的喝法，他们将可可豆磨成粉，再加入水和糖，加热之后饮用，香甜无比。他们还给这种饮品起了一个好听的名字——巧克力。人们喜欢得不得了，于是这种制作方法很快传遍了整个欧洲。

巧克力

这样一直到了1828年，不安于现状的荷兰人制作出了一个新玩意儿——可可压榨机。他们从可可豆中压榨出大量的可可油脂，然后把它和可可粉以及白糖混合在一起，世界上第一块巧克力就这样诞生了！可可粉香而略苦的特殊味道，造就了巧克力那滋味万千的口感。

当然，这些都是可可树的功劳。

可可，是原产于美洲热带的常绿乔木，梧桐科，树干坚实，树冠繁茂，树高能长到12米，暗灰褐色的树皮很厚。可可树的叶是卵状长椭圆形或倒卵状长椭圆形的，长20~30厘米，宽7~10厘米。

我们重点来看一下可可树的果，它是椭圆形或长椭圆形的，长15~20厘米，直径约7厘米，表面有10条纵沟。刚刚结出来的果是淡绿色，逐渐变为深黄色或近于红色，干燥后为褐色；可可果里面含有20～40粒种子，这就是可可豆啦！采摘后的可可豆在经过发酵、干燥、除尘、烘焙及研磨之后，才能成为巧克力浆，再经过压榨，可可脂和可可粉就可以用来制作巧克力了。

事实上，可可树是个娇气的主儿，它对生长环境的要求非常高，喜欢温暖和湿润的气候，不喜欢排水不良或常受台风侵袭的地方。当然，如果你能提供适宜的自然条件，可可树在栽培4年之后，就能开花结果了，而且产量充足。

我们常说，巧克力热量很高，吃了会发胖，事实真的如此吗？的确，不管是哪种巧克力，都含有很高的糖分和脂肪，和冰激凌、奶油蛋糕一样容易使人发胖。实在控制不住想要多吃几块的话，那恐怕就要配合运动了——这只是在你体能正常的情况下。相反，当你外出徒步、旅行、爬山时，如果出现了严重的体力不支，巧克力却是补给能量的圣品哦！

34 百草之王——人参

　　人参在中国被称为地精、神草、百草之王，是闻名遐迩的"东北三宝"之一。在希腊语中，人参的意思是"包治百病"。

　　人参真的这么神奇吗？《神农本草经》中说："人参，味甘微寒，主补五脏，安精神，定魂魄，止惊悸，除邪气，明目，开心益智。久服，轻身延年。一名人衔，一名鬼盖。生山谷。"可见，人参的药用价值名不虚传。

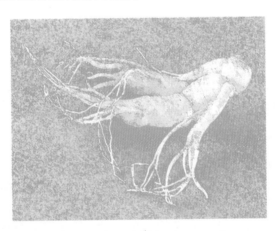

人参

在距今6500万年至距今180万年前的第三纪，人参在植物界就已经广为繁衍了，古地质学家和古生物学家据此推断人参是地球上最古老的孑遗植物之一！

如此珍贵的物种，我们一起来详细了解一下吧！

人参，多年生草本植物，喜欢长在阴凉的地方。主根高30~60厘米，植株的末梢有很多细小的分支，通体是黄白色。它的叶子非常特别，轮生叶的数目会随着生长年限而变化。

中国是世界上最早应用人参并用文字记载人参的国家。公元121年，东汉许慎撰写的《说文解字》中说："参，人参，药草，出上党。"上党，是山西东南部的一个古地名，这是对人参产地的最早记载。"参"字，是典型的象形文字。仔细观察，你会发现字的上部特别像人参长在地上的部分，茎上生着多个浆果；字的下部特别像人参的根茎、主根、侧根等。

我们都知道，甲骨文开始于商殷时代，距今有3500年以上的历史了，可见在3500年前我国就已经创造出生动形象的"参"字了。

从年轮上能判断树的年龄，那你知道怎么判断人参的年龄吗？

其实很简单，那些生长在原始森林里的野山参，通过人参芦头和人参主根的皮纹，就很容易判断出它的年龄了。经历代人参专家证实，野山参可以生长上百年甚至数千年而不死。

野山参可以长生不老的秘诀是什么呢？事实上，人参的再生能力非常强，尤其是野山参。首先，它不怕冻。哪怕是在零下40℃的土壤中，也冻不死。其次，它不怕旱。就算是连续几

个月不下雨，也不会将它渴死。最后，它不怕野兽的践踏。芽苞被踩坏也没关系，它还可以重新发芽，继续生长。人参的芦头是由一个个芦碗组成的，而每个芦碗上都有后备芽苞。当第一个芦碗遭受意外损伤时，后备芽苞会继续生长，成为新的芦碗。就算是被拦腰折断也不必担心，几年之后，又会长出新的芽苞而继续生长。假如人参的主根烂掉，节或剩余的须子仍然可以生长，几十年或上百年之后，节就会长成主根了。

怎么样，是不是比打不死的"小强"还厉害？简直可以堪比"起死回生"的灵丹妙药哇！

人参

在深山老林里，想要寻到人参是相当不容易的。一棵人参藏在草丛里，多走一步看不见，少走一步也看不见，所以人们把发现人参称为"一步之财"。

35 象征吉祥的葫芦

"葫芦娃，葫芦娃，一根藤上七朵花……"七朵花就能结出七个葫芦，果实多正是葫芦的一大特色！

人们很早就开始喜欢葫芦了。在古人眼里，葫芦嘴巴小肚子大的特殊体形证明它能够收住不祥之物。于是，古时候的豪门大户都会在家中供养几枚葫芦，化煞收邪，趋吉避凶。就算是普通百姓，也会在家里的屋梁上悬挂几个葫芦，称之为"顶梁"，祈求家人平安健康。这样代代相传，人们对葫芦越发地钟爱和崇拜，它成为人们心目中增寿、除邪、保佑子孙的吉祥物。

葫芦，属葫芦科一年生攀缘草本植物，葫芦的秧苗并不像其他植物那样向上生长，而是和葡萄一样，四处爬藤。葫芦的藤很能长，可以达到15米左右。它的叶片是卵状心形或肾状卵形的，长10~35厘米，宽10~35厘米，边缘是不规则的齿状，两面都长有软软的毛。每到夏季，葫芦会开出白色的花，秋季就会结出果实来。这果实当然就是葫芦啦！刚结出来的葫芦皮是绿色的，果肉是白色的，这个时候的葫芦可以拿来作为蔬菜食

用。随着果实的生长，果皮逐渐变成白中带黄。

葫芦

你印象中的葫芦是什么样子的？事实上，由于葫芦藤蔓的长短、叶片和花朵的大小不同，结出来的果实大小和形状也就有很大不同。经过长期栽培之后，葫芦的品种越来越多，其果实有的只有10厘米，有的却能长到1米。另外，不是所有的葫芦都是宝葫芦的形状，有棒状、瓢状、海豚状的，还有壶状的。

在古代，人们因葫芦的形状不同，也发明出了多种叫法，"瓠""匏""壶""甘瓠""壶卢""蒲卢"都是指葫芦。《诗经·豳风·七月》中也有这样的记载："七月食瓜，八月断壶。""壶"和"卢"本来是两种盛酒或盛饭用的器皿，细看葫芦，无论是形状还是作用和这种器皿都非常相似，所以人们把"壶"和"卢"合成为一个词，来作为植物的名称。

我们现在用的"葫芦"其实并不符合取名的本意，但是后来人们约定俗成地写成了"葫芦"，也就一直延续至今。

葫芦

中国有一个民族与葫芦有着不解之缘。传说，造物主在一棵大树下种了一粒葫芦籽，精心培育之后，葫芦藤上结了一个大葫芦。眼看着葫芦就要成熟了，碰巧一只麂子寻找食物路过，它踩断了葫芦藤，就连葫芦果也不知去向了。造物主历尽千辛万苦才找到了葫芦。咦，葫芦里竟然有人的声音！造物主打开葫芦一看，是拉祜族的始祖扎迪和娜迪！后来，他们繁衍了人类，从此便有了拉祜族。

葫芦也深受拉祜族人们的尊重和崇拜。他们用葫芦祭祀，用葫芦保存种子，用葫芦饮水，房屋、生产工具、衣物等都刻有葫芦的图案，甚至还用葫芦做成乐器——葫芦笙。

有意思的是，在古代，拉祜族男子出门的时候，身上至少要带上4个葫芦——一个用来装水，一个用来装酒，一个用来装药，最后一个就是葫芦笙。

36 西瓜来自西域

"夏日吃西瓜，药物不用抓。"这是中国民间谚语。的确，西瓜清爽解渴、味道甘甜，夏季吃最能为身体补充水分，也因此被称为"盛夏之王"。西瓜不仅解渴，还含有大量葡萄糖、苹果酸、果糖、番茄素及丰富的维生素C等物质，是一种营养丰富的健康食品。

如此美味多汁的西瓜，它来自哪里呢？关于这个问题，说法不一。有一种说法是西瓜产自非洲，也就是从西域传过来的，所以我们喊它"西瓜"；另一种说法是传说在神农尝百草的时候偶然发现了西瓜，因为它水多肉稀，所以叫它"稀瓜"，只是后来传着传着就变成了西瓜。

到底哪一种说法是正确的？明代科学家徐光启在《农政全书》中记载："西瓜，种出西域，故之名。"这么说，西瓜是从西域传入中国的。

西瓜，一年生蔓生藤本植物，它的茎和枝很粗，并且有很明显的棱。叶片很大，长8~20厘米，宽5~15厘米，基部是心形，两面都长有短短的硬毛。到了夏季，会开出淡黄色的花，花落会结出西瓜。

西瓜

　　西瓜的个头儿很大，是球形或椭球形的，果皮很光滑，上面带着宽宽窄窄的各式花纹。将熟透的西瓜一切两半儿，会看到鲜红多汁的果肉，里面夹着许多黑色卵形的种子。

西瓜鲜红多汁的瓤

107

夏天，要是每天不吃上两块西瓜解解渴，会觉得生活里少了点儿什么。但是在古人眼里，"吃西瓜"实在是可望而不可即的美事，因为在那时，西瓜属于贵族的夏季消暑品，一般人怕是见也见不到呢！

1995年秋天，内蒙古赤峰市敖汉旗四家子镇村民偶然间挖到3座古代墓葬。经上级同意后，敖汉旗博物馆对墓葬进行了清理发掘。当时出土了好多珍贵的文物，最令人惊喜的是，在其中一座墓室的壁画上，发现了三只"西瓜"！据考证，这墓葬建于公元1026—1027年间，距今已经有近千年的历史了！这是迄今为止，在中国古代绘画中发现的最早的西瓜。

在南宋时期，文人们善于将西瓜描写在诗句当中，比如"年来处处食西瓜""西瓜黄处藤如织""醉拾西瓜擘"。从这些诗句中不难看出，这个时候西瓜已经不是"贵族消暑品"了，就算是普通百姓，也已经吃上了西瓜。

这里要感谢一个人——南宋官员洪皓。公元1129年，洪皓临危受命出使金国，却被金人扣留长达15年之久，直到公元1143年才得以回到南宋。回国时，洪皓带回一些金人种植的西瓜种子，将其种植在皇家特供的菜园中，这样一来，江南就有了西瓜。这件事在洪皓的见闻录《松漠纪闻》中也有记载："予携以归，今禁圃乡圃皆有。"

公元1155年，洪皓去世了，但是西瓜已经在大江南北得到了广泛种植，迅速繁衍开了。

湖北省恩施市境内，有一块公元1270年刻立的"西瓜碑"。从上面的内容看，当时的西瓜已经有"蒙头蝉儿瓜""团西瓜""细子瓜""回回瓜"四个品种了。

37 我们都爱南瓜

　　每年的农历九月九日是重阳节，同时，这一天还是毛南族的"南瓜节"。各家各户当天会把收获的所有形状各异的南瓜全部摆出来，年轻人挨家挨户逐一挑选，评出一个"南瓜王"来。选南瓜王可不是外表好看或者足够大就可以了，同时还要满足一个重要条件——种子成熟饱满。南瓜王的籽会留到来年做种子，剩下的瓜肉用来做粥，大家共同分享。这不是特别隆重的节日，但是也足以见证南瓜在毛南族人们心目中的重要地位。

　　《北墅抱瓮录》中写道："南瓜愈老愈佳，宜用子瞻煮黄州猪肉之法，少水缓火，蒸令极熟，味甘腻，且极香。""子瞻煮黄州猪肉之法"，就是苏东坡制作东坡肉的方法，由此可见，人们已经把南瓜视作珍品。

　　南瓜，是葫芦科南瓜属一年生蔓生草本植物。它的茎常在节部生根，叶片是宽卵形或卵圆形，长12~25厘米，宽20~30厘米，仔细观察，每一条叶脉都是隆起的。南瓜开钟状黄花，裂片边缘是反卷的，布满褶皱。果实的梗部有棱和槽，大约有5~7

109

厘米长，因为品种不同，所以果实的形态也有所不同。有的果实外面有一条一条的沟，整个瓜看起来是一瓣一瓣的，而有的却平滑圆润。

南瓜

南瓜已经有9000年的栽培历史了，它原产于南美洲，由哥伦布带回到欧洲，以后又被传到日本、印尼等地。直到明代传入中国。李时珍在《本草纲目》中这样记载："南瓜种出南番，转入闽浙，今燕京诸处亦有之矣。二月下种，宜沙沃地，四月生苗，引蔓甚繁，一蔓可延十余丈……其子如冬瓜子，其肉厚色黄，不可生食，惟去皮瓤瀹，味如山药，同猪肉煮食更良，亦可蜜煎。"

中国人喜爱南瓜。江南地区，每逢立春，家家户户都会吃南瓜迎春，一些文人雅士喜欢在瓜皮上留下美丽的图画或诗文，等南瓜成熟之后，把它摘下来放在案头，以此增添生活情趣。

关于万圣节的南瓜灯，想必同学们早有耳闻，它源于古代爱尔兰，流传着各种各样的传说。

西方万圣节的南瓜灯

南瓜的优点非常多，它好种，容易成活，而且产量大，最重要的是营养丰富。在过去的饥荒年代，人们拿南瓜来代替粮食，所以又称南瓜为"饭瓜""米瓜"。可见，南瓜在人们的心目中和粮食同等重要！

除了食用，南瓜还可以入药，它的种子含有南瓜子氨基酸，有清热、除湿、驱虫的功效；南瓜叶制成的粉末可以直接撒在刀口上，有止血和止疼的作用；南瓜藤有清热的作用，瓜蒂能根治牙痛。

我们试想一下，如果餐桌上少了南瓜、玉米、番茄、辣椒……这些大自然给予人类的馈赠，那么生活将会发生怎样天翻地覆的变化！

说到底，我们要感谢哥伦布。

38 到底谁才是"北瓜"

西方国家的万圣节有一个不能不提的主角——南瓜灯！南瓜灯称得上是万圣节的宠儿，但是你知道吗，这里说的南瓜灯很多是用"北瓜"做的哟！

这个如今只存在于方言中的北瓜，很多人不识它的真身。其实北瓜和以吃嫩果著称的西葫芦、蒸着吃煮着吃都美味的南瓜同属南瓜家族。人类栽培的南瓜属植物一共有五种，分别是南瓜、西葫芦（美洲南瓜）、笋瓜（北瓜）、黑子南瓜、灰子南瓜，而前三种是世界栽培南瓜的主要种。

自从哥伦布发现美洲大陆，欧洲人从新大陆向旧大陆带回很多新奇食物，单单南瓜属就带回三个物种，这些瓜在广大的热带、亚热带地区生根发芽，现在已经由考古发掘证明了南瓜属植物全部源自美洲。

北瓜和南瓜非常相似，植株也好、花也好，甚至果实不仔细看，都不容易发现区别。其实南瓜和北瓜的区别主要在果实：南瓜瓜柄有明显的五棱，而北瓜的是圆的，在瓜柄和瓜连接的地方，南瓜会肿胀成帽，而北瓜则干干净净。南瓜瓜顶是花脱落的一个碗口疤，而北瓜则只是一个小圆点，或者仅是柱头和花萼萎缩形成的一个环圈。

北瓜

虽然形态上南瓜、北瓜差别不大，但习性有很大差别。出生在墨西哥的南瓜耐热耐旱也不怕雨季，于是南瓜在中国南方大部分地区都生长良好，但是到了干旱寒冷的黄土高原，南瓜结果率变低，产量变小。此时出生在安迪斯山脉的北瓜就表现良好，尤其是在低温和温差高的环境，北瓜依然可以生长迅速大量结果。人们根据它们生长习性的差异，终于定名一个叫南瓜，一个叫北瓜。

但北瓜的名字并没有像南瓜那样简单，北瓜在各地名字异常混乱，玉瓜、筒瓜、笋瓜、大瓜等都是它的名字，一些地方还会把西葫芦叫作北瓜。混乱的形状和混乱的名字，使得人

们很难区分三者。

　　植物学家坐不住了，终于在1988年正式颁布了国家标准《蔬菜名称（一）》，明确指出用"笋瓜"作为北瓜的正式名称，并且一直沿用至今。

　　北瓜，中文名笋瓜，是葫芦科南瓜属植物，一年生粗壮蔓生藤本植物，叶片肾形或圆肾形，长15~25厘米，基部心形。雌雄同株。

　　北瓜最大的特点之一就是大！那些在国外经常举办的"种南瓜大赛"或"万圣节超大南瓜"其实大多数用的都是北瓜，别看它外形和南瓜相似，但是也只有它能长到惊人的体积！

巨大的北瓜

39　温柔杀手菟丝子

"轻丝既难理，细缕竟无织。烂漫已万条，连绵复一色。安根不可知，萦心终不测。所贵能舒卷，伊用蓬生直。"

试问在整个植物圈，有谁能做到"轻丝""细缕""萦心"又"缠绵"？怕是只有菟丝子了吧！就连大诗人李白也忍不住在《古意》中说："君为女萝草，妾作菟丝花。轻条不自引，为逐春风斜。百丈托远松，缠绵成一家……"用天生妩媚缠绵的菟丝子来歌颂忠贞的爱情，实在太美！

但是你可能想象不到，如此楚楚动人、惹人怜爱的植物却是生物界有名的温柔杀手！

菟丝子是一种寄生植物，自己不能进行光合作用，必须依赖其他的植物提供营养才能生存。它爬藤攀附在其他植物身上，如此娇柔的依赖看上去十分和谐。

如果你这样想，那就大错特错了。

菟丝子那纤弱的茎丝缠上谁谁倒霉，被缠绕得越紧，离生命的终点也就越近。

这是因为，狡猾的菟丝子会从茎丝上伸出一个个吸根，毫

不客气地进入宿主的体内，然后大口大口地吸取养分，直至宿主被吸干而死亡。

事实上，这种情况在美洲的热带森林中是很常见的——那些有藤本植物缠绕着的小树会在不久之后死去。

说了这么多，还是一起来真正认识一下菟丝子吧！

菟丝子，别名禅真、黄丝藤、金丝藤等，一年生寄生草本植物。它和别的植物不一样，没有叶子。黄色纤细缠绕的茎，随处可生出寄生根，伸入宿主体内。开白色壶形小花，长约3毫米左右，结球形蒴果。

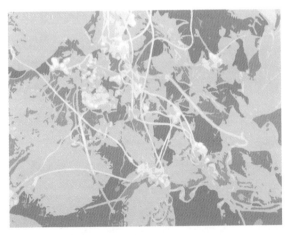

菟丝子植株

关于菟丝子名字的由来，还有一个有趣的故事。

相传在很久以前，有个长工专门给财主养兔子，财主规定，如果死一只兔子，要扣掉他四分之一的工钱。有一天，长工不慎将一只兔子的腰部打成了重伤，他怕被财主看到，于是把兔子藏到了豆地里。可奇怪的是，兔子并没有死。他很好奇，于是又故意打伤一只兔子，放进了豆地里，嘿，兔子不但没死，伤竟然渐渐痊愈了！长工发现，兔子在豆地里一直喜欢吃一种缠在豆秸上的黄丝藤，这黄丝藤治好了兔子的腰伤。因为它如细丝一般，于是人们给它取名叫"兔丝子"。后来，又因为黄丝藤是治病救人的中草药，于是后人便在"兔"字头上加上草字头，就成了"菟丝子"。

中药菟丝子

菟丝子甘、温，归肾、肝、脾经，具有很好的滋补作用，被《神农本草经》列为上品。

除了是中药木匣子里的一味救命草，菟丝子还常常成为我们茶杯里的一缕清香，酒窖里的浸泡物，情感世界里的缕缕情丝。

40　喇叭花为啥也叫牵牛花

　　清晨，当公鸡刚刚啼鸣，时针还指在"4"的位置，篱笆上就会绽放出一朵朵喇叭似的花来。它们就是被称作"勤娘子"的牵牛花。

　　牵牛花，属旋花科牵牛属，一年生缠绕草本植物。叶片是宽卵形或近圆形，通常三裂，长4～15厘米，宽4.5～14厘米，基部心形。花腋生，单一或通常两朵生于花序梗顶，酷似喇叭状，长5～8厘米。

牵牛花

牵牛花一般在春天播种，夏秋季节开花。花色有蓝色、绯红色、桃红色、紫色等。蒴果是卵球形，直径0.8～1.3厘米，3瓣裂，种子呈卵状三棱形，长约6毫米，黑褐色或米黄色，具有药用价值。

牵牛花枝蔓延展，常常缠绕攀爬在其他植物或是篱笆上。在夏秋季节，牵牛花开得正旺，细长的喇叭形花朵颜色变幻多彩、绚丽无比。

牵牛花

此外，牵牛花还有"朝开午谢"的个性，正如诗人所说的"如夏花之绚烂"，传递着"霎那间的永恒"。

正因此，诞生了许许多多描写牵牛花的诗词。其中最著名的一首，要数南宋诗人杨万里的《牵牛花三首》之一的诚斋体代表诗作："素罗笠顶碧罗檐，晚卸蓝裳著茜衫。望见竹篱心独喜，翩然飞上翠琼簪。"意思是说：牵牛花犹如一位美丽的女子，在炎炎夏日，头顶遮阳的斗笠，上罩轻纱，上午还是蓝色

罗衫，晚上就换成红色的纱裙，站在碧绿的篱笆院墙边，微露笑颜，头上插着翡翠的玉簪，款款而来，气质如兰，情景生动而迷人。诗人采取拟人化的手法，用风趣幽默的词语，热情赞美了牵牛花，是历代描写牵牛花诗词的上佳之作。

牵牛花大约有60多种，主要分为裂叶牵牛、圆叶牵牛和大花牵牛三种。大花牵牛的花朵直径可以达到10厘米甚至更大，原产于亚洲和非洲热带地区，在日本栽种较多，被称为"朝颜花"。

传说有一天，一对姐妹正在刨地，忽然走来一个白发老翁，对她们说："这座山里面压着一百头青牛精，明天它们就会全部变成金牛，今天夜里可以抱出一头，一辈子吃喝不愁。"姐妹二人赶紧回家商量，妹妹说："金牛虽好不能当饭吃，如果把那些金牛全变成活牛分给乡亲们，让他们有牛耕田，不更好吗？"于是，姐妹二人分头去通知乡亲们，夜里去伏牛山下牵牛。到了五更，山眼慢慢变大了，姐姐一进去就吹起了老翁给她的银喇叭，顿时金牛都活了，它们顺着山眼往外冲，当最后一头牛刚刚伸出头时，东方已经微微泛红了，山眼在慢慢变小，姐妹二人合力推牛屁股，就是推不动。乡亲们发现了被卡住的牛，大家有的扯牛头，有的扯牛脚，拼命往外拽，牛被拉疼了，一急，四蹄一蹬就出来了。就在此时，山眼合拢了，姐妹俩被关在了山里。这时太阳出来了，山眼里的那只银喇叭变成了一朵喇叭花。有人说，为了纪念姐妹二人，所以喇叭花也叫牵牛花。

41 来之不易的番薯

人们喜欢欣赏温婉清丽的牵牛花，还喜欢品尝街头巷尾的烤红薯。可是你知道吗，这看起来风马牛不相及的两样东西还是亲戚呢！

为什么这么说呢？因为牵牛花和番薯都属于旋花科。当你在田间见到番薯时，看到的多半是它的叶子，可当你看到它的花时，一定会惊讶于番薯的花和牵牛花简直一模一样！

上节我们认识了牵牛花，本节一起来了解一下番薯吧！

番薯，一年生草本植物，茎是绿色或紫色的，平卧在地面向上生长，枝蔓偶有缠绕。叶片通常为宽卵形，长4~13厘米，宽3~13厘米，叶柄长短不一，长2.5~20厘米。和牵牛花一样，番薯的花是"漏斗状花冠"，因为品种不同，所以开花多少也不同。在气候干旱及气温较高地区常见开花。蒴果是卵形或扁圆形，种子1~4粒。

因为番薯属于异花授粉，而自花授粉不结果实，所以有些番薯只见开花不见结果。和其他地上植物不一样，番薯的块根埋在土壤里，是圆形、椭圆形或纺锤形的，这也正是人们食用

121

的部分。

现在，香甜可口的烤番薯已经成为在路边小摊可以随手买到的零食。但番薯并不产自中国，最早种植于美洲中部的墨西哥、哥伦比亚一带。

番薯

那么，番薯是何时由何人传入中国的呢？

万历二十一年（1593），正在菲律宾做生意的福建长乐人陈振龙和他的儿子陈经纶，见当地种植一种叫"甘薯"的作物，块根很大，产量很高，生吃熟吃都可以，不禁想到家乡粮食不足，于是决心引入中国。可是当时甘薯被视为奇货，禁止出境。聪明的陈振龙将薯藤绞入汲水绳中，并在绳面涂抹污泥，这才终于巧妙地躲过关卡。可见番薯是多么来之不易！

来到中国后，番薯被广泛种植，它的适应能力很强，产量很高。被种下后，可以快速繁殖生长，很像中国人吃苦耐劳的精神，所以在台湾有"番薯不怕落土烂，只求枝叶代代传"的谚语。

"一亩数十石，胜种谷二十倍"，再加上"润泽可食，或煮或磨成粉，生食如葛，熟食如蜜，味似荸荠"，番薯深受人们的喜欢。自此，番薯就在这片距原产地千里之外的中华大地扎下了根，成为中国老百姓再也离不开的重要作物。

番薯与工农业生产和人民生活关系非常密切。

番薯是一种很健康的食物。它的块根可以用来作主食，当年红军打游击时经常忍饥挨饿，后来学着山区农民在房前屋后种些番薯，很大程度上解决了粮食问题，他们还用"土藏萌番薯，吃饱不辛苦"来赞美番薯。

另外，番薯也是食品加工、淀粉和酒精制造工业的重要原料，它的根、茎、叶还是优良的饲料。

番薯的叶与花

42　爱吃动物的瓶子草

在美国加利福尼亚州北部与俄勒冈州分布着一种奇怪的草。它看上去酷似眼镜蛇，高昂着头，吐出长长的舌头，更奇怪的是——它吃虫！

瓶子草

大千世界，无奇不有。动物吃植物天经地义，哪有植物吃动物的道理！

　　人们根据这种草特殊的相貌给它起名叫"眼镜蛇瓶子草"。

　　眼镜蛇瓶子草是瓶子草科多年生草本植物，它没有根，其根状茎常常匍匐在地面分支生长，匍匐茎长20~80厘米。叶片莲座状分布，眼镜蛇瓶子草不是生来就展叶的，种苗在2~3年内叶片都是简单的筒状。之后，长出红绿色或红色的幼叶，长1~3厘米。渐渐成熟后，眼镜蛇瓶子草的叶片有20~80厘米长，中间是空的，下面呈管状，上面是膨大的球状。

眼镜蛇瓶子草

　　在叶前隆处底部有个大约10~20毫米的空洞，这就是叶片的开口，瓶口连接着一个鱼尾状附属物，附属物背侧及瓶口周围存在蜜腺，无论是叶片下部的管状部位，还是上面的球状部位，表面都分布着大量不规则的半透明白色斑纹。

　　眼镜蛇瓶子草并不像其他植物那样成团成簇地开花，每棵成熟的植株在春天只会开一朵花。花瓣是暗红色至紫色的，披

针形至长圆形，长2~3厘米，这个时候的眼镜蛇瓶子草已经完全具备了捕虫能力。

下面让我们一起来看一看令人惊心动魄的捕食场面吧！

刚才我们说了，在眼镜蛇瓶子草的鱼尾状附属物背侧以及瓶口周围分布着蜜腺，其分泌的香甜蜜汁散发着强烈的味道。那些嗅觉灵敏又嘴馋的黄蜂和苍蝇们很容易就被这种迷人的气味吸引过来。它们开心地顺着蜜腺爬行，贪婪地吮吸着蜜汁，不知不觉地就被引入捕虫瓶内。捕虫瓶上分布着半透明的白色斑纹，透过的光亮会让那些吃饱了想要逃之夭夭的家伙们误以为是出口，从而被困在捕虫瓶内。由于捕虫瓶蜡质的顶部，内壁很滑，再加上瓶壁有倒刺毛挡住去路，昆虫们逐渐落入捕虫瓶基部的消化液内，成为眼镜蛇瓶子草的口中餐。

眼镜蛇瓶子草还有一项很特殊的本领——冬眠。为了能够长期存活，每到冬季，眼镜蛇瓶子草就会开启休眠模式，停止生长3~5个月。直到春天来临，那些成熟的植株才会开花、捕虫。

从前，人们对眼镜蛇瓶子草捕虫产生了疑问，认为它体内不会分泌消化酶，而是要依靠共生菌才能把猎物分解并吸收。但是，植物学家经过大量的实验证明，在眼镜蛇瓶子草体内至少能分泌出一种蛋白水解酶来消化猎物。这样看来，人家吃美食完全是靠自己的本事呢！不过，它和一些微生物之间还是存在着密切的互惠互利的关系。

43 食人花真的吃人吗

探险家卡尔·李奇在一次探险归来后说："我在非洲的马达加斯加岛上，亲眼见过一种能吃人的树木，当地居民把它奉为神树。曾经有一位土著妇女因为违反了部落的戒律，被驱赶着爬上神树，结果8片带有硬刺的叶子把她紧紧包裹起来，几天后，树叶重新打开时，只剩下一堆骨头。"一时间，关于食人植物的消息疯传开来。

真的有食人植物吗？今天我们就一起来认识一下食人花。

食人花是一种很神秘的植物，它没有叶子，也没有茎，整朵花就是它的全部。在它的世界里，也没有四季之分，说不定在什么时候就突然冒出来了。不过，每年的5~10月，是它主要的生长季节。

刚刚冒出地面时，它只有乒乓球那么大，几个月后，就长到了甘蓝菜般大小，紧接着，5片花瓣缓缓张开，盛开的食人花艳丽多彩，整个花冠呈鲜红色，上面有点点白斑，花朵中央有一个圆口的大蜜槽，等花朵完全绽放，已经过去两天两夜了。

"食人花"

你可能无法想象，食人花这一生只开一朵花，花期仅为4天！

更加让你想象不到的是——花朵在绽放期间会散发出一种奇特的臭味！这种特性能够让大型动物自然回避，好让一些逐臭的昆虫来为它传粉做媒。

短暂的花期过后，食人花的花瓣就会逐渐变黑并且凋谢，化成一摊腐败的黑色物质。那些成功授粉的雌花将逐渐形成一个半腐烂状的果实，棕色的表皮，里面充满乳白色、富脂质的果肉。成熟的果实里面藏着许多玫红棕色细小的种子，别看食人花的花朵很大，种子却是极小的。这些小种子掉入泥土后，会再找合适的时间发芽、生长。

说了这么多，食人花到底吃不吃人呢？

食人花并不吃人！那些关于吃人植物的说法其实并不真实，这或许是人们想象后讹传出来的吧！

食人花是世界上花朵最大的植物，中文名"大王花"，生长在海拔500~700米的热带雨林中。它是肉质寄生草本植物，常寄生于植物的根、茎或枝条上，靠从宿主身上吸收营养来供应花朵的生长。

大王花

大王花的花径能够达到0.9144米，最高纪录可达 1.4米。一朵花有5个花瓣，每片花瓣厚约1.4厘米。因其形态十分娇艳，花朵硕大，因此有"世界花王"的美誉。

由于大王花只能依赖自然传播，因此繁衍速度缓慢，再加上人类采伐木材、开拓种植园等活动的影响，导致大王花逐年递减，甚至处在濒临灭绝的危险之中。1984 年，国际自然和自然资源保护联盟将大王花列为"世界范围内遭受最严重威胁的濒危植物"，呼吁世界公众重视和着手保护这种世界上最大、也是最奇特的花。

希望大王花及其生长的环境可以不再受到破坏。

㊹ 猪笼草这样捕食

"若在长途跋涉后发现这种美妙的植物，定会为之叹服，所有的不快都会忘记，并感叹大自然怎么会如此的神奇。"1737年，"现代生物分类学之父"卡罗勒斯·林奈在他的著作《克利福特园》中写下这样一段话。

是什么植物能让林奈发出这样的感叹呢？它就是猪笼草！

听到这个名字，我猜你一定会对它的外形产生浓厚的兴趣，我们来看看它到底长什么样吧！

猪笼草因形状像猪笼而得名，是热带食虫植物，多年生藤本植物，常常攀缘在树木上或沿着地面生长，差不多3米多高，叶片一般是长椭圆形，末端有笼蔓，靠着这笼蔓，植株可以更容易向上攀缘。

在笼蔓的末端有一个像漏斗一样的小东西，它就是捕虫笼，上面还配有一个笼盖。这笼盖既可以防止雨水落入到笼内降低笼中液体的酸性，又可以避免阳光射入，以此来迷惑落入笼中的昆虫，使其找不到出口。

猪笼草不仅聪明，还很有个性——每一片叶子只能产生一个捕虫笼。如果捕虫笼衰老后枯萎了或者被破坏了怎么办呢？只有长出新的叶片，才会有新的捕虫笼出现。

猪笼草

　　猪笼草要生长多年后才会开出绿色或紫色小花。白天，小花会释放出淡淡的香味，可是到了晚上，却像中了邪一样，慢慢变臭！

　　花落之后结蒴果，成熟的蒴果会自然开裂，散出种子来。种子很小而且细长，呈梭状或丝线状，中间有微小隆起的胚。猪笼草的种子很轻，很容易被风带走，所以它是靠风传播的。

　　人们喜欢猪笼草，并不是它长得多么漂亮，主要是为了观赏它那奇特的捕虫笼。

　　捕虫笼在刚刚形成时是黄褐色、扁平状，表面会覆盖一层毛被。在成长过程中，它会慢慢转为绿色或者红色，并一点一点开始膨胀。长到一定程度，笼盖会渐渐打开，笼口处的唇会

131

继续变宽变大，并且向外或者向内翻卷。

猪笼草

　　猪笼草到底是如何捕虫的呢？这要感谢了不起的笼盖。它能够分泌出一种香味，那些没有禁得住诱惑的昆虫从四面八方赶来，本想在瓶口上欣赏色彩艳丽的唇，却无论如何也想不到，那瓶口太滑了！它们一不小心就会滑落到瓶内，然后被瓶底分泌的液体给活活淹死。当然，这是猪笼草最开心的一刻，因为它又可以享受美味了。

　　猪笼草在东南亚地区早已不仅仅被用来观赏捕虫，还可以用来做"猪笼草饭"。"猪笼草饭"的做法类似粽子，人们将米、肉等食材塞入捕虫笼中蒸熟食用。这是当地的特色食品，很具有东南亚风味。

45 最萌杀手植物——狸藻

最近，科学家们对一种植物进行了无菌培养试验。结果发现，这种植物只有在消化昆虫取得养料之后才能开花结果！能有这种"无肉不欢"个性的，怕是只有狸藻了。

狸藻

狸藻，陆生或水生草本植物，翠绿或黄绿色，它几乎没有根，长长的、柔细的匍匐茎可长达1米以上，多分枝。叶互生，

或者单叶生于匍匐枝上，全身叶片裂成一条条细丝状，好像乱七八糟的绿头发。裂片轮廓呈卵形、椭圆形或长圆状披针形，长1.5~6厘米，宽1~2厘米，边缘具有刺状齿。夏天，从茎上会抽出一根花梗，花梗头上开放出几朵蝴蝶似的黄紫色小花。结球形蒴果，长3~5毫米，成熟时开裂，散出细小的种子。

小白兔狸藻像一只只乖巧的小兔子

在匍匐枝或者叶的基部，长着许多小口袋，这是狸藻的捕虫工具——捕虫囊。捕虫囊构造很别致，在囊口有一个和外面相通的小口，上面还有个小盖子，盖子上长着几根刺毛。这些刺毛可随水漂动，旁边还有一些小管子，能分泌出甜液。

平时，狸藻的捕虫囊是半瘪状的，当水中的小生物来吃甜液时，那可就不一样了！刺毛会迅速将信号传递给盖子和囊，囊立刻鼓胀到正常大小，小盖子也随之打开。那些一心只想着美食的小生物们便随着水流进入囊中，小盖子随即关上。整个过程连1秒钟都用不了。这下，小虫们休想再逃出去了，因为那个小盖子只能从外面向内打开，而不能从里面向外推开。等捕获的猎物们被消化吸收之后，捕虫囊会恢复为半瘪状，静静等待着下一个自投罗网的蠢家伙。

没想到，这么可爱的小花竟也是食肉植物中的一员，可千万不要被它的外表所迷惑哟！狸藻就是这种主动型的食虫植物，它的食物主要是水里的水蚤、线虫和蚊子幼虫等小型无脊椎动物，偶尔也会捕食小鱼苗、小蝌蚪等脊椎动物。

别看狸藻平时看上去文文静静的，可在吸入猎物时却是毫不客气，从静止到运动的加速度可达到600米每二次方秒，是地球重力加速度的60倍。这么说吧，人类在承受15米每二次方秒的加速度时，会直接晕死过去，现在你知道600米每二次方秒的加速度是有多大的杀伤力了吧！

狸藻绝大多数是生活在水中的，但是也有极少数是陆生的。在南美洲的森林里，就生长着一种陆生狸藻。它的样子很古怪，植株中部膨大，看上去活像一个马铃薯。更有趣的是，它的叶片和叶柄是绿色的，但是从膨大的地方长出来的茎却是无色透明的。在这些无色茎上，长着一个个小口袋，这就是狸藻的"捕虫器"啦！那些视力不太灵光的生物们遇到它恐怕是要遭殃喽！

除此之外，还有一些陆生狸藻长在活的苔藓植物上，靠捕食悬浮在空气中的小生物为生。极少数狸藻是生长在流水的岩壁、石缝、树干等特殊的环境中，同样以食虫为生。

135

46　会流血的龙血树

　　有一种树的树皮一旦被割破，就会流出殷红色的汁液，看上去和人体的血一样，这种树叫作龙血树。

龙血树

　　龙血树主要分布在非洲和亚洲南部的热带地区，它喜欢高温多湿的环境，不耐寒。大体可以分为两大族群：一类是乔木，主要生长在干旱的半沙漠地区；一类是灌木，一般生长在热带雨林中，主要用来做观赏植物。

事实上，如果按照不同种类特点详细分类的话，又可以分成剑叶龙血树、海南龙血树、矮龙血树、长花龙血树、细枝龙血树。其中，剑叶龙血树最喜欢挑战，它们常常选择在海拔800~1700米的山势险峻、坡度较陡的石缝里生长。而海南龙血树就安分多了，它们喜欢选择背风的干燥沙土地区，因为品种稀少，被评为国家二级保护濒危物种。矮龙血树，顾名思义，它真的很矮，植株不足1米高，喜欢在海拔1050米左右的密林下生长。相比之下，长花龙血树才是最安稳的，它们向来不会选择在高山密林里生长，而是喜欢在海拔较低的林中或灌木丛下干燥的沙土上生长。细枝龙血树分枝较细，分布也比较广泛，从越南至印度尼西亚都有。

龙血树

刚才我们说了，龙血树受伤后会流出一种血色的液体，同学们有没有想过，这种液体到底是什么呢？其实，这是一种暗

红色的树脂，它是一种名贵的中药，名叫龙血竭。在我国的中药名单中，它算得上是重要角色了，与云南白药齐名，有活血化瘀、消肿止痛、收敛止血的良好功效。李时珍在《本草纲目》中称它为"活血圣药"。苏颂在《唐本草》中写道："血竭原植物，木高数丈，婆娑可爱。其脂液从木中流出，滴下如胶饴状，久而坚凝，乃成竭，赤作血色，采无时。"

可见，龙血竭在我国传统医学上的运用历史悠久，是名贵的传统中药。

谈到龙血竭，就不能不提到一位传奇式的人物——蔡希陶。他是我国著名植物学家、西双版纳热带植物园创始人。

蔡希陶出身于一个医生家庭，从小热爱大自然，他常常跟着老师深入云、贵、川等地考察植物，采集植物标本。

1972年，已年过花甲的他，根据年轻时采集标本的回忆，带领一批青年人首次在云南省普洱市孟连县境内的石灰山上发现大片龙血树。国产龙血竭就此诞生！它填补了我国医药史上的一项空白。

蔡希陶去世后，他的骨灰分成了两半，一半埋在了西双版纳热带植物园内他亲手种植的龙血树下，另一半埋在了昆明植物研究所里他亲手种植的水杉树下。

除了活血化瘀的药用价值，龙血树的树脂还是一种很好的防腐剂，也可以用来做油漆的原料。

2001年，龙血树已被国家列为二级珍稀濒危保护植物，并被列入《中国植物红皮书——稀有濒危植物》中。

47　童话里的猴面包树

同学们，你们一定都看过童话故事《小王子》吧！

书中有这样一个桥段——小王子居住的星球上出现了一些可怕的种子，之所以说它可怕，是因为一旦发现得太迟，这些植物会长满整个星球，它的根会把整个星球撑裂成碎片。

现实世界中确实存在这种植物，这是一种生长在非洲热带草原上的植物，中文名叫猴面包树。不过别担心，它不会把我们的地球撑裂成碎片的。

猴面包树

139

　　这种树的果实是猴子和狒狒十分喜爱的美味佳肴，"猴面包"的名称因此而来。猴面包树的果实呈长椭圆形，灰白色，果肉多汁，既可生吃，又可制作清凉的饮料和调味品。

猴面包树的果实

　　猴面包树特别耐高温，能耐受平均温度40℃及以上的气候，耐旱性也极强，在旱季通常通过落叶来降低水分的消耗，貌似橡皮一样的树皮哪怕在遭受火灾危害后，仍然可以再生。它能够适应黏质土、沙土等各种土壤，尤其在酸碱性土壤、沙壤土以及排水良好的肥沃土壤上，生长得更为粗壮、茂盛。

　　猴面包树这种随意的性格，注定它是植物界的老寿星之一。即使是在热带草原那种干旱的恶劣环境里，它也能活到5000岁左右。

　　据有关资料记载，18世纪，法国著名的植物学家阿当松在非洲见到了一些猴面包树，其中最老的一棵已经活了5500年，当地人称之为"圣树"，都竭尽全力地保护它。

事实上，不管长在哪儿，猴面包树的年龄都不小，而且树干都很粗。它的长相非常奇特，枝杈千奇百怪，酷似树根，好像"根系"长在了脑袋上的"倒栽树"。

猴面包树原产于非洲热带，中国福建、广东、云南的热带地区有少量栽培。它之所以能够很好地在热带地区生长，这与它神奇的储水能力是分不开的。

猴面包树木质非常疏松，利于储水，在雨季时，它能用自己粗大的身躯和像多孔海绵一样的木质代替根系，大量吸收并贮存水分。每当旱季来临，为了减少水分蒸发，它会迅速脱光身上所有的叶子。当它吸饱了水分，又会长出新的叶片，开出很大的白色花朵。

据说，猴面包树能贮存几千公斤甚至更多的水，简直可以比得上一个贮水塔了！

猴面包树如此神奇的储水能力，不单单救了自己，它也为那些到热带草原上旅行的人们提供了方便。曾经，它为很多因干渴而生命垂危的旅行者提供了救命之水，人们因此称它为"生命之树"。

在沙漠中旅行，如果遇到了缺水的危急时刻，别急，只需要用小刀在随处可见的猴面包树的肚子上挖一个洞，清泉就会喷涌而出。你要做的，就是张大嘴巴畅饮一番喽！

48　神奇的跳舞草

　　今天，来介绍一种神奇的植物。如果你在它面前播放一首优美的曲子，它会宛如玉立的女子，舒展衫袖快乐地舞动；如果你对它播放杂乱无章、怪腔怪调的曲子，那它可就不高兴了，立刻"罢舞"，一动也不动，似乎是在告诉你，它生气了。

　　这，就是跳舞草。

跳舞草的花

　　跳舞草是一种快要绝迹的珍稀植物，在中国，野生跳舞草主要分布在四川、湖北、贵州、广西等地海拔200~1500米的丘陵山坡或山沟灌丛中。跳舞草属于多年生小灌木，植株高60~150厘米，茎是圆柱状，乍看上去，既不像树，也不像草。它的叶片是长椭圆形或披针形的，随着植株的生长而变化，初生时叶对生，以后慢慢转为单叶互生，长5~10厘米，开紫红色蝶形花。10~11月期间，荚果成熟，里面是黑绿色或灰色的种子。

　　事实上，跳舞草并不是任何时候都在跳舞。

　　阳光明媚的白天，它会显得特别高兴，小叶交叉转动，180度后弹回原处，再起舞，犹如飞行中轻舞双翅的蝴蝶。如果赶上雨过天晴，那么它会跳得更加疯狂，整棵植株的叶片就像是久别重逢的朋友，双双拥抱，又像是蜻蜓点水一般，温柔地跳动。到了夜幕降临的时候，它就又像一个乖巧的孩子，将所有叶片紧紧贴在枝干上，安安静静地休息。

跳舞草

如此奇特的植物，还真是植物界罕见的奇观呢！

跳舞草为什么会跳舞呢？对此，科学家进行了一系列研究，结果发现跳舞草是否跳舞，与温度、阳光和一定节奏、节律、强度下的声波感应有关。例如，风和日丽的天气里，当气温达到24℃以上，两片小叶会左右摇摆、上下跳动，十分可爱。当气温在28℃~34℃之间，或者赶上闷热的阴天时，它会立刻变成一个疯狂的舞者，整棵植株上上下下数十双叶片时而缠绵拥抱，时而翩翩飞舞，让人眼花缭乱。

说了这么多，跳舞草究竟为什么会跳舞呢？

关于这一问题，科学家说法不一。有的认为是植物体内微弱电流的强度与方向的变化引起的一种反应；有的认为是植物细胞的生长速度变化引起的反应；还有的认为是植物的一种适应性，跳舞时能够躲避昆虫侵害。要想彻底解开这个谜，恐怕要植物学家继续深入探索了。

跳舞草似乎一生都在跳动，这种特殊的运动性使跳舞草具有很高的观赏价值，其独特的生物特性备受人们的喜爱。此外，跳舞草还是制作盆景的优良品材，它的枝干可塑性强，适宜扎攀、扭曲、剪裁、露根等，可以塑造、培育成各式盆景。在1999年昆明举行的世界园艺博览会上，跳舞草盆景被评为展示精品，引起轰动。

49 会"发声"的植物

　　如果你有机会去非洲卢旺达旅行的话，一定要到基加利的芝密达兰哈德植物园里走一圈儿，我保证你会收到意外的惊喜——有一个朋友会以"哈哈"大笑的方式热情地欢迎你的到来。

　　它，就是笑树。因为常常能发出"哈哈"的笑声，所以人们都风趣地喊它"哈哈树"。

　　哇，这么有意思，笑树为什么能像人一样哈哈大笑呢？

　　笑树是一种小乔木，叶子是椭圆形的，枝干上长着外形有点像铃铛一样的皮果。皮果的壳很薄，而且长满了小孔，壳里面是许多可以自由滚动的小珠子似的皮蕊。当一阵风吹过，不安分的皮果们会来回摆动，皮蕊里面的小珠子也跟着晃动起来，听起来就像人的欢笑声。

　　这笑声在游客们听来是一种新奇的享受，可是路过的鸟儿们听到却会受到惊吓，它们连站也不敢在笑树上站一下，直接绕开飞走了。

　　在巴西，生长着一种名叫"莫尔纳尔蒂"的灌木。在白

145

天，它会不停地发出一种婉转动听的乐曲声；可是到了晚上，它又会连续不断地发出一种哀怨低沉的哭泣声。

在中国，还有一种很神奇的植物，人们称它为"痒痒树"。

据说，如果有人挠一下它的树干，它的树枝马上会轻轻摇动起来，浑身颤抖，就像人被挠了痒痒一样。这还不算，它还会发出吱吱的笑声，真是神奇至极。它就是世界上最怕痒的树——紫薇。

紫薇是中国珍贵的环境保护植物，是落叶灌木或小乔木，植株可以长到7米。

紫薇

紫薇树姿优美，椭圆形、阔矩圆形或倒卵形的叶片有互生也有对生。叶片刚刚展开时是绿色或黄色的，长大成熟以后，会变成紫黑色。

每到夏秋季节，当其他植物的花渐渐枯萎时，紫薇花开得正旺，色彩艳丽，有玫红色的、大红色的、深粉红色的、淡红色或紫色的、白色的。花朵不大，直径一般在3~4厘米，每朵花有6片花瓣，就像一个个彩色的轮盘。南宋诗人杨万里曾赞美紫薇花"似痴如醉丽还佳，露压风欺分外斜。谁道花无红百日，紫薇长放半年花"。

盛开的紫薇花

紫薇除了花朵美丽，它还有一个特点——树干光滑。紫薇树干年年新生表皮，可是又年年脱落，这样一来一去，使得树干异常新鲜、光滑。成年后的紫薇树，当表皮脱落后，露出光溜溜的树干，据说光滑到连猴子也很难爬上去呢！所以，紫薇还被叫作"猴刺脱"。

生活中，紫薇既是观花、观干、观根的盆景良材；同时，它的根、皮、叶、花又都可以入药，让人很难不喜欢。

147

50　姜真的是老的辣吗

"最疗人间病，乍炎寒。"这是明末清初著名思想家王夫之在《卖姜词》中的一句话。王夫之一生都喜欢姜，喜欢到什么程度呢？他不但爱吃姜，还种姜，号称自己是"卖姜翁"。

姜的植株

姜，多年生草本植物，植株高0.5~1米，根茎肥厚，分枝比较多，会散发芳香及辛辣味。叶互生，叶片下有革质的叶鞘包着茎部，叶片与叶鞘相连处有一个小孔，新生的嫩叶片就是从这里抽出的。叶片是披针形或线状披针形，长15~30厘米，宽

2~2.5厘米，叶舌膜质，长2~4毫米。到了秋季，根状茎上生出穗状的花序，开黄绿色小花，裂片是披针形。

姜原产于东南亚，但是我国很早就引入栽培，吃姜的历史可谓悠久。

姜

关于姜的记载，最早见于《礼记》"楂梨姜桂"的表述。孔子说"不撤姜食"，大意就是每顿饭都要有姜相伴。此外，在司马迁的《史记》中也有"千畦姜业，其人与千户侯"的记载。

由此可见，从古至今，被称为"菜中之祖"的姜，一直是中国菜肴的核心调料。而且古代人们很早就知道，姜不仅可以作为调味的妙品，还可以用来治病。《本草纲目》中也说姜是"可蔬、可和、可果、可药"。

姜和其他很多植物都不一样，它不用种子繁殖，而是用姜块进行无性繁殖。

把姜块种进土壤里，姜发芽出苗后逐渐长成主茎，渐渐地，主茎的基部会逐渐膨大，形成一个小根茎，通常被称为"姜母"。姜母继续生长，它两侧的腋芽会继续萌发出2~4根姜苗，姜母的第一次分枝就这样完成了。分枝继续生长，它们的基部逐渐膨大，形成姜块，人们称它为"子姜"。

同样，子姜上的侧芽会继续萌发，长出新苗，这是第二次分枝。分枝继续生长，它们的基部继续膨大，形成二次姜块，人们称之为"孙姜"。

当然，接下来它会继续发生第三、第四、第五次分枝，直到收获，形成一个由姜母和多次子姜组成的完整的根茎大家庭。

生姜的茎分地上茎和地下茎两种。有趣的是，地上茎分枝越多，地下茎的姜块也越多，产量也就越高。

人们常说，姜还是老的辣，王夫之也以生姜越老越辣来比喻自己，这只是一句用来调侃的玩笑话吗？其实不然，生姜里面含有一种叫姜辣素的化学物质，它的多少决定了姜的辣度。而越老的姜，含姜辣素越多，姜也就更辣。

《名医别录》中记载姜"主治伤寒头痛鼻塞，咳逆上气"，《本草经集注》中也有姜"止呕吐"的记载。目前的实验研究也显示，姜辣素确实可以抑制胃肠道的过速运动，从而让胃肠道症状减轻。至于"吃姜暖胃"的说法，则是因为姜辣素能扩张血管，同时加强心肌收缩，促进了血液的循环。再加上喝下去的热水带来的温暖，喝完一碗热姜汤，出一些汗，还是挺舒服的。

51 蔬菜界一哥——蒜

在第一次世界大战中，大不列颠帝国的军需部门就曾购买十吨大蒜榨汁，用来防止细菌感染。第二次世界大战中，许多国家的军医都使用大蒜为士兵们治疗伤口。

看来，大蒜简直称得上蔬菜界的"一哥"呀！

蒜，百合科葱属多年生草本植物，一个成熟的大蒜植株由根、假茎、叶、花薹、鳞茎等组成。

蒜

151

我们吃的蒜头实际上是大蒜的鳞茎，它是由鳞芽、叶鞘和缩短的茎组成的。鳞芽就是我们喜欢吃的蒜瓣，这也是大蒜滋味儿最足的地方。作为大蒜营养繁殖的重要器官，这里储存了大量营养，特别是丰富的碳水化合物，所以烤熟的大蒜会有特有的鲜甜和软糯的滋味儿，这得益于其中的果糖和淀粉。

蒜瓣

除了蒜瓣，我们餐桌上常见的还有蒜苗、蒜黄和蒜薹，它们与大蒜又是什么关系呢？

蒜苗其实是大蒜叶片组合而成的部位，在有些地方被称为青蒜。青蒜还有一些特殊的青草香气，所以作为肉类特别是腊肉的配菜再合适不过。

而蒜黄就是在大蒜叶子刚刚长出时，在生长的过程中全程不让其见光。因为没有叶绿素，大蒜的幼嫩叶子都是黄色的，所以被称为蒜黄。蒜黄还有一个特点就是纤维很少，是用来包饺子、炒鸡蛋的好食材。

至于蒜薹，是大蒜的花序轴。在蒜薹的尖端有个花苞模样的东西，面包裹了很多即将绽放的小花。但我们并不需要大蒜的种子，种蒜只需要蒜瓣，因为它是无性繁殖。

大蒜原产于欧洲南部和中亚，最早在古埃及、古罗马、古希腊等地中海沿岸国家栽培。公元前139年，汉武帝派张骞出使匈奴，没想到被匈奴骑兵给扣留了。匈奴环境恶劣，可幸运的是张骞发现一种"葫草"可以食用。更神奇的是，吃了这种草还可以治疗腹泻。等到他回汉朝时，把"葫草"也带回来了。"葫草"也就是现在人们口中的大蒜，由张骞从西域引入中国陕西关中地区，后来遍及全中国。

事实上，中国在很久以前就有蒜了。《礼记》中记载："脂用葱，膏用薤。"意思是做山珍野味时，要加点葱；炖猪肉时，就要放些蒜。可见，早在3000多年前的西周，人们就开始用蒜了。只是当时还没有称其为"蒜"，而是"薤"。

大蒜不仅可作调味料，而且可入药，是著名的食药两用植物。大蒜鳞茎中含有丰富的蛋白质、低聚糖和多糖类、另外还有脂肪、矿物质等。大蒜具有多方面的生物活性，长期食用可起到防病保健作用。

蒜营养丰富，自然很受大家喜欢，但是大蒜的整棵植株都具有强烈辛辣味。大蒜中含有一种叫蒜氨酸的化学物质，平时蒜氨酸是没有气味、没有味道的，只有当大蒜受到侵害——比如被我们咬一口时，蒜氨酸才会在蒜氨酸酶的作用下，分解成大蒜素。大蒜素才是有强烈的刺激性的化学物质。这个释放过程会一直持续到我们的消化道里，所以我们都知道，吃完大蒜后嘴巴里会有一股浓烈的蒜辣味，而且吃大蒜有时会烧心，就是这个原因了。

52 生态文明从我做起

"东风随春归，发我枝上花。"这是唐代诗人李白在《落日忆山中》中描写春天的千古名句。意思是说，和暖的东风跟随春天的脚步吹拂大地，催开了枝头的花朵。桃红柳绿、天蓝水碧是大自然的馈赠，但同时也是人们用心呵护的结果。

可是你知道吗——地处长白山腹地深处的露水河国家森林公园，曾经是伐木者的乐园；游人如织的云南大理，曾被关停客栈，制止双廊旅游的"野蛮生长"；被称为全球首批国际湿地城市的海口，曾经到处流淌着污水。

到底发生了什么？

我来告诉你吧，是我们的生态文明遭到了严重的破坏！

无数的事实告诉我们，人与自然不存在统治与被统治、征服与被征服的关系，而应是相互依存、和谐共处、共同促进的关系。

文明是人类文化发展的成果，是人类改造世界的物质和精神成果的总和，也是人类社会进步的象征。唐代孔颖达注疏《尚书》时将"文明"解释为"经天纬地曰文，照临四方曰明。""经天纬地"意思是改造自然，属于物质文明；"照临四方"意思是驱走愚昧，属于精神文明。

那么，什么是生态文明呢？

生态文明，是人类文明的一种形式，是指人与自然之间、人与人之间、人与社会之间能够和谐共生、良性循环、全面发展、持续繁荣。

生态文明

事实上，中国历朝历代都有生态保护的相关律令。

《逸周书》中说："禹之禁，春三月，山林不登斧斤。"意思是说，春天树木刚刚复苏，不能上山砍伐树木。

那么，什么时候才可以砍伐呢？《周礼》中说："草木零落，然后入山林。"可见，只有在草木成熟零落时，才可以入山林。

除保护生态外，古人还对避免污染提出了要求。比如"殷之法，弃灰于公道者，断其手"，意思是说，把灰尘废物抛弃在街上的，就要斩手。这种要求当然太残酷，但同时也说明中国

古代是非常重视环境的。

健康的土壤会养育出健康的庄稼，我们才能吃得放心；有了青山和绿水，我们才能玩得开心。"稻花香里说丰年，听取蛙声一片。"这种自然和谐共生的景象，才是我们梦寐以求的生活。

近几年，我们国家大力提倡生态文明建设——呵护一草一木、保护蓝天白云、减少能源消耗、减少污染排放……生态文明、保护环境已经不再只是我们脑海中的一个概念，而已外化于行动。只有我们先改变了环境，环境才能反过来改变我们的生活。

建设美丽中国是一个漫长的征途，但我们有信心和决心让生态文明的鲜花开遍960万平方公里的土地。

"蓝天白云总相伴，丛林湿地绿相容。"这，就是我们未来的生活环境！

绿色地球

同学们，让我们尽情享受美丽的阳光，积极踊跃行动起来，呵护一草一木，减少能源资源消耗和污染排放，为保护生态环境、建设美丽中国做出自己的贡献！